ファースト・ステップ

# 物理学入門

高重正明 著

FIRST STEP INTRODUCTION TO PHYSICS

裳華房

# First Step
# Introduction to Physics

by

Masaaki Takashige, Dr. Sc.

SHOKABO

TOKYO

# 序　文

　大学の理工系学部の入学者の中で，入学以前に物理を学習したことがない人たちの数が目立つようになってから，もう久しくなりました．しかし，力，熱，光，電気，磁気などの基本的な知識なしで学べる理工系の分野というのはほとんどないため，そうした学生たちが上の学年に進んでそれぞれの専門科目の学習に入るためには，かなりの無理がかかることになります．そのため，専門科目の学習が少しでも円滑に進められるように，いまでは多くの大学で，リメディアル教育や初年次導入教育などといった，大学入学以前に取得しておくべきであった知識を補うための，特別なカリキュラムを設けています．

　そうした背景もあってか，物理を習ったことのない入学生たちから，適当な物理の本の紹介を頼まれることも多くあります．筆者もいくつか紹介した経験がありますが，そのときの学生たちの反応でよくあるのは，「もっとやさしい本はないのですか？」というものです．「学問に王道なし」ということで，何事もじっくりとやらなければ身につかないだろうと言いつつも，その真剣な問い掛けに応えられる本があればと，筆者も何度も思ったことがありました．

　これまで物理を学んだことがなかった彼ら彼女らの多くにとって，まず一番大切なことは，あまり厳密なことにはこだわらずに，"物理的なモノの見方や考え方を理解してもらうこと"であり，物理学を専攻する学生たちが必要とするような，厳密で数理的にまとめられた知識や考え方の体系ではないと私は思っています．

　そうしたことを感じていた5年ほど前に，裳華房の小野達也氏から，同じ趣旨での本の執筆依頼を受けました．ちょうどその頃，筆者は福島県のいわき明星大学の科学技術学部で初年次の一般物理の講義を担当していたこともあって，その講義録を出発点に執筆したのが本書です．

　執筆の方針をかためるに当たっては，大変大きな決断と勇気がいりました

が，対象は物理を初めて学ぶ人たちとし，使用する数学も，ごく初歩的なものに限りました。内容はどこの大学でも教えている必要最小限のものとして，当初は，力学，熱力学，電磁気学のつもりでしたが，最終的には，力学を2つに分けて，第1章を「力学」，第2章を「いろいろな運動」とし，第3章を「熱力学」，第4章を「電磁気学」としました。そして，その後の原子力発電所の事故に鑑みて，特に放射線や核分裂の初歩的なことは含めるべきと思い，第5章に「現代物理学」も入れることにしました。

いわゆる正統的な物理学の本からみれば書き足りない点も多くあります。また，側注を付けて補ったところもありますが，我流の考えで不適当な点や，ミスも含まれているのではないかと思います。ご批判，ご指摘をいただければ幸いです。なお，最新の正誤表は，裳華房のホームページ（https://www.shokabo.co.jp/）でご覧いただけます。

震災の混乱や筆者の転勤などで大幅に遅れて，本書の執筆はもう無理かと思った時期もありましたが，裳華房の小野達也氏の激励と，きめ細かいお世話により，何とかまとめることができました。ここに心より感謝の意を表す次第です。

2015年　初秋

　　　　　　　　　　　　　　　　　　東京都日野市 明星大学キャンパスにて
　　　　　　　　　　　　　　　　　　　　　　　　　　　　　　著　者

# 目 次

## 第1章 力 学

1.1 力とは　*1*
1.2 力の基本　*3*
  1.2.1 重力と抗力　*3*
  1.2.2 作用・反作用　*6*
  1.2.3 摩擦力　*7*
  1.2.4 力の合成　*10*
1.3 力のつり合い　*12*
1.4 物体の運動の数式化　*16*
  1.4.1 速度　*16*
  1.4.2 力と加速度　*17*
1.5 運動方程式と運動の法則　*20*
1.6 運動の具体例の計算　*23*
1.7 仕事とエネルギー　*33*
1.8 力学的エネルギー保存則　*35*

## 第2章 いろいろな運動

2.1 円運動　*39*
2.2 周期運動　*45*
2.3 波動　*49*

# 第3章　熱力学

- 3.1 圧力　*56*
- 3.2 気体の圧力と温度　*59*
- 3.3 気体の分子の運動　*62*
- 3.4 熱とエネルギーの単位　*66*
- 3.5 熱力学の法則　*69*
- 3.6 微視的な視点から　*77*

# 第4章　電磁気学

- 4.1 電荷と物質　*79*
- 4.2 点電荷の間にはたらく力と電場　*82*
- 4.3 電池と電位　*86*
- 4.4 コンデンサー　*89*
- 4.5 電流と電気抵抗　*92*
- 4.6 電流と磁場　*97*
- 4.7 磁場の中の電流にはたらく力　*100*
- 4.8 電磁誘導　*101*
- 4.9 電磁波　*105*

# 第5章　現代物理学

- 5.1 今日の物理学の状況　*108*
- 5.2 電磁波と光の発生　*109*
- 5.3 光の粒子性・波動性と量子力学の誕生　*111*
- 5.4 量子力学とエネルギー準位　*114*
- 5.5 原子核と放射線　*118*

5.6 放射線のエネルギーと核分裂　*121*
5.7 相対性理論　*124*


練習問題の解答　*128*
索　引　*137*

# 第 1 章

# 力 学

本章では,物理学を学ぶ上で最も基本となる概念である「力」をはじめとして,質量や加速度,運動方程式,運動の法則,エネルギーとその保存則などについて学ぶ。

## 1.1　力とは

**力**という言葉は,物理学だけでなく,我々の日常生活でもよく使われる。例えば,力が強い人,力持ちなどとよくいうが,それは,重い物体を持ち上げることができる人や力士のような人たちのことを指すことが多い。また,権力や政治力など,「力」という漢字が入った熟語まで含めると,その数は非常に多くなる。そして,どのような場合でも力というものが共通に意味していることは,それがはたらくと,何かしら状態が変わるということである。強い(大きい)力がはたらく場合は状態の変化は大きく,弱い(小さい)力がはたらく場合はその逆である。そして,当たり前のことではあるが,力がはたらかない場合は何も起こらないということである。

このように,「力」とは「状態を変えるはたらきをするもの」といえる。物理学では,これを特に「運動の状態を変えるもの」と定義する。そして,力がもつ性質について学ぶ学問を**力学**という。

力とは,運動の状態を変えるものである。

運動の厳密な表現の方法は 1.5 節で述べるが,まずは地上で物体を動かすことを考えてみよう。なお,地上では常に重力という力がはたらいているが,最初は普通の感覚で大まかに力の感じをつかむことから始めることにする。

いま,サッカーボールの運動を考えてみよう。止まっているボールを蹴るということは,静止した状態のボールに力を加えて前に飛ばす,すなわち,「ボールを静止した状態から運動をしている状態に

ボールを飛ばす＝ボールに力を加える　　ボールを止める＝ボールに力を加える

図 1.1　力を加えてボールの状態を変える

この矢印のことをベクトルとよび，1.3節で詳しく述べることにする。

＊　材質が均一な丸い物体の中心は簡単に決まるであろうが，いびつな形の物体や不均一な材質の物体の重心は決めにくい。簡単にいえば，重心というのは，その物体を1点で安定に支えられるような点のことである。

変える」ということである。また，ゴールキーパーがボールを受け止めるということは，「飛んでいるボールに力を加えて止まっている状態に変える」ということである。

　ところで，図1.1に示したように，物理学では力の大きさや向きを表すときには矢印を使い，矢印の向きで力の方向を，その長さで力の大きさを表す。なお，矢印の根元は力が作用している場所（これを**作用点**という）を表すが，その場所を厳密に示すことは難しい。ボールの場合はその表面になるであろうが，もっと固いものに力を加える場合は，その物体の中心に力がはたらくとし，この中心のことを**重心**＊という。

　物体の運動は力が加わった方向に起こり，運動方向と逆向きに力を加えると，運動が弱くなったり，止まってしまう。また，物体に大きな（強い）力を加えると急激な変化，すなわち，運動が急激に速くなったり，止まったりといったことが起こる。そして，速い運動を止めるには大きな力が必要となる。

　図1.1のように，単にボールを動かしたり，止めたりするときにボールにはたらく力のみを考えることは，直観的にもそれほど難しいことではないだろう。しかし，一般に我々が経験する日常生活の場面で，そこにどのような力がはたらいているかを，すべて矢印で書き入れて説明しようとすると，それはそんなに簡単なことではない。また，力の大きさまでを考える場合には，状態の変化を定量的

(具体的な大きさまで考えること) に表現する必要があるため，少し数学的な準備も必要となるのである。

## 1.2 力の基本

本節では，力の法則を厳密に学ぶ前に，力を直観的に理解する上でどうしても知っておかなければならないことを，いくつかの項目に分けて述べる。それは**重力**と**抗力**，**作用**と**反作用**，**摩擦力**，**力の合成**というような事柄である。これらの概念を理解していないと，力を表現しようとしてもほとんど不可能だからである。

### 1.2.1 重力と抗力

物体同士は必ず引き合うというのが，ニュートンの発見した**万有引力の法則**である (図 1.2)。そして，前述したように，力はそれぞれの物体の中心である重心にはたらくとする。厳密に力の問題を考える場合は別として，一般的には，重心の位置だけに力がはたらくとしてよい。また，物体の形や大きさを無視して，重心の位置だけに力がはたらくとする場合，その物体のことを**質点**ということもある。

さて，「リンゴが木から落ちる」というのは，地球とリンゴが互いに引き合っているからである。リンゴでなくても地球上にあるすべ

 地球の重力は万有引力の 1 つ。

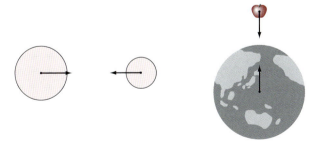

すべてのものは，万有引力という遠隔力で引っ張り合う。
遠隔力は，間に何もなくても伝わる力である。

図 1.2　万有引力

 遠隔力とは，直接接触していなくてもはたらく力のことである。

ての物体は，何も支えがなければ下に落ちるが，これは地球がその物体を引く力の方が大きいためである。そして，この力のことを我々は**重力**とよんでいる。

　地球上で生活している限り，この重力を抜きにして物体の運動を考えることはできないが，この力がわかりにくいのは，図 1.2 からもわかるように，物体同士の間に何もなくてもはたらくことである。前節で説明した力は，人間の足とボールというように，何かと何かが直接接触してはたらく力（これを**直接力**という）であったが，直接接触しなくてもはたらく力があるのである（これを**遠隔力**という）。約 350 年前にニュートンがそのことに気づくまでは，誰もそのことに気づかなかったのである。ということは，いまでも私たちが身近かなものとして理解することは簡単なことではないということである。

　なお，重力以外の遠隔力には電気力や磁気力などがあるが，これらについては第 4 章で述べることにする。

　さて，力というものは物体に運動を起こすものであると述べたが，地上では重力という力があるというわりには，リンゴが落ちる瞬間をめったに見ることはないし，常に下に向かって運動しているものを見ることもそれほど多くはない。それはなぜかというと，落ちないように，何か別の力で支えられている（別の力がはたらいている）からである。

　図 1.3 ではリンゴが木になっている。この状態のときは地球の重力は下向きにはたらいて，リンゴは地球の中心に向かって引っ張られているが，リンゴの軸の部分は木の枝から上向きの力を受けているため，枝にぶら下がっている。つまり，落ちている途中のリンゴは，重力だけがはたらいている状態なのである。そして，地面の上に落ちてしまうと，そこでとどまることになる。この状態では，やはり重力は地球の中心に向かって下向きにはたらいているが，リンゴと接触している地面から，重力とは逆向きで大きさの等しい力を受けているのである。もちろんリンゴ以外でも，地球上にあるもの

---

　万有引力の法則から，厳密には，地球も物体から引かれているが，その大きさが無視できるほどに小さいので，重力は，地球から引かれる力のみを考えればよい。

図 1.3 地上ではたらく力

にはすべて重力がはたらいているが，その物体が止まっている場合には，必ず重力とは逆向きで同じ大きさの力を受けているのである。このことを「物体にはたらいている力がつり合っている」などというが，力のつり合いについては 1.3 節で述べる。

物体を床や地面に置いたときに下側から受ける力のことを**抗力**という。例えば図 1.3 に描いてあるような人間や動物では，足の裏側に地面から抗力を受けている。

重力と抗力について，ここでは図 1.4 のような直方体の形をした物体が地面に置かれている場合を例に考えてみよう。地球の重力を $W$，地面からの抗力を $N$ とし，$W$ と $N$ は大きさは同じで逆向きの矢印で表し，重力は物体の重心に，抗力は物体と地面の接触面の中心にはたらくとする。そして，物体が静止しているとき，この 2 つの力はつり合っていることになる。

図 1.4 重力と抗力

なお，このとき地面は接触している物体から，抗力と同じ大きさで逆向きの力 $N'$ を受けている。面と面が接するときには，互いに逆向きの力を必ず及ぼし合っているのである。これが，次項で述べる作用と反作用である。

### 例題 1.1

図 1.3 には空中に浮かんでいるヘリコプターが描いてあるが，この場合には，地球の重力に対してヘリコプターにはどのような力がはたらいているか。

〈解答〉 ローター（回転する翼）がすばやく空気を叩くことで，空気から抗力を受けて地球の重力とつり合っている。この抗力のことを**揚力**ということもある。空気のような気体でも，速く叩くとかなり強い抵抗力を感じるが，このことも，次項で述べる作用と反作用に関係している。

### 練習問題 1.1

人工衛星は地上から見ると水平方向に飛んでいるように見えるが，ほぼ一定の高さにあって落ちてこない。それはなぜか。

#### 1.2.2 作用・反作用

図 1.4 のように，地面に物体を置くと，両者の接触面では互いに逆向きの力を及ぼし合う。これと同じように，図 1.1 で人が足でボールを蹴って力を加えるときには，足も同じ大きさで逆向きの力を受けることになる。

図 1.5 は，その力を矢印で追加して描いたものである。このときに人が感じる力のことを反動などということもあるが，この反動によって，我々は力というものを実感しているともいえよう。

図 1.5 作用・反作用

物理学では，このような力の関係のことを**作用・反作用**といい，その大きさは等しく，互いに逆向きである。これはボールを受け止める場合でも同じで，手はボールに加えられた力と同じ大きさで逆向きの力を受けることになる。そして，物体に力を加えると，加えた側も必ず同じ大きさの力を受けるのである。なお，この2つの力のうち，どちらを作用とし，どちらを反作用とするかは，どちらを主役と考えるかだけの違いであり，どちらでもかまわない。

ところで，ボールを蹴った足や，ボールを受け止めた手には，ボールの運動方向とは逆向きに反作用としての力が作用するから，逆向きに動かなければいけないのであるが，どちらもあまり大きく動いたようには見えない。実は，実際には動いているのであるが，体のような「大きな物体」を動かすには，ボールの力が小さすぎるということや，さらに重要なことは，あまり意識していないかもしれないが，体が動かないように足で踏ん張っているからである。このことは，氷の上ではサッカーのようなスポーツの動作は簡単にはできないことを想像すればすぐに理解できるだろう。そして，このようなことを考えるには，次項で述べる摩擦力や，1.3節で述べる力の「つり合い」という概念が必要になるのである。

日常生活においては，特に反作用の力はほとんど意識をしていないと思うが，作用に対して，必ず反作用があるのである。

### 練習問題 1.2

図1.4に描かれている重力 $W$ の矢印に対する反作用はどこに描けばよいか。

### 1.2.3 摩擦力

図1.6は，人や動物が歩いたり走ったりしているときの様子である。人が走るということは，「足で地面を後ろ向きに蹴る」ということであり，人が前に進むのは，「靴の裏で地面を後ろ向きに蹴ることで地面に力を加えて，地面からはその反作用を受けて前向きに押される」からである。

歩く：足で地面を後ろ向きに蹴ると，摩擦力で前に押される。

走る：歩くときよりも強く蹴ると，より強く前に押される。

図 1.6　足で動くときにはたらく力

なお，地面は地球の表面のことであるが，地球は人間に比べて極めて大きいから，足の裏で地面を蹴っても地球は全く動かないのである。読者は，普段そのことを意識しているだろうか。今後は歩いているときに，図 1.6 のように靴の裏からの力で動いていると感じることで力の概念を理解してほしいものである。もちろん，実際に体を前進させるためには，両足で交互に地面を蹴り，足の位置を移動させるということの他，体のバランスをとるための様々な動きが必要となることはいうまでもない。

このように靴の裏から感じる力のことを，ふだん我々は，地面と靴の裏の間に**摩擦力**があるといっている。この摩擦力は，足で地面を後ろに蹴ったときに，靴の裏の表面が後ろに滑らないように止めている前向きの力である。もし地面を蹴ったときに後ろに滑れば，思うように前に進めないが，それは摩擦力が弱いからである。すなわち，滑ると地面を蹴る力も弱くなり，その反作用としての摩擦力も弱くなるのである。したがって，氷の上を歩くような場合には，ほとんど摩擦力が発生しないので歩けないというわけである。靴の裏に滑り止めが付いていることがあるが，それは摩擦力を少しでも大きくさせるためである。

図 1.4 のような物体を指で押して動かすときに，摩擦力がどのようにはたらくかを図 1.7 で説明しよう。

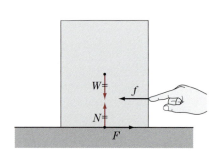

図 1.7　摩擦力とは，物体同士が接触しているときに，接触面での動きを互いに妨げようとする力のこと。

なお，図のように物体を指で左に押すということは，図1.6において人間の筋肉で足を後ろに動かすことに相当する。

まず，物体には地球の重力 $W$ がはたらいている。そして，その力が地面との接触面を押す力の反作用として，重力 $W$ と大きさが等しく逆向きの抗力 $N$ が物体に対してはたらく。この状態で物体を指の力 $f$ で押すと，動くまいとして抵抗する力 $F$ がはたらく。この力 $F$ のことを**摩擦力**といい，物体同士が接触しているときに，接触面での動きを互いに妨げようとする力のことである。この摩擦力がないとすぐに滑って左に動いてしまうが，一般に（摩擦がある場合），$f$ がある値に達するまでは物体は止まっている。そして，止まっている間は常に互いの力がつり合っているので，$f = F$ となる。

一般に摩擦力は $F = \mu N$ の形で表され，$\mu$ を**静止摩擦係数**，$F$ を**静止摩擦力**という。微視的には，摩擦力は物質の表面の原子や分子の間の相互作用で発生する力である。すなわち，重い物体の場合は接触面を強く押しつけるので垂直抗力 $N$ も大きくなり，表面の原子や分子の間の相互作用もそれに比例して強くなるので，$F = \mu N$ のような比例の関係式が成り立つのである。

また，次第に力 $f$ を大きくしていくと，やがて物体は動き出すが，動き出しても接触面との間には摩擦力が存在する。この摩擦力のことを**動摩擦力**（あるいは**滑り摩擦力**）というが，この力は一般に静止摩擦力よりも小さい。

動摩擦力 ＜ 静止摩擦力

### 例題 1.2

前輪駆動の自動車が動き始めるときに，前輪タイヤにはたらく摩擦力を考えよ。また，このとき，後輪タイヤにはどのような力がかかっているか。

〈解答〉 図1.8のように，前輪のタイヤがエンジンとつながって自ら回転を始めると，地面と接触している接点で，タイヤの表面は地面を後ろ向きに蹴り，人が歩くときと同じように，その反作用として，前輪のタイヤは地面から前向きの摩擦力を受ける。そして，この摩擦力が，自動車

**図 1.8** 前輪駆動の自動車が走り始めるときにはたらく力

全体を前に進めるのである。

　後輪は前輪と違って，自ら回り始めることができないことに注意しなければいけない。前輪の摩擦力で車全体は前進しようとする。その瞬間，後輪のタイヤの地面との接触点も前に移動しようとするが，その反作用として，後輪のタイヤは地面から後ろ向きの摩擦力を受けることになる。もし後輪が回らないように固定されていれば，この摩擦力は車が前進するのを邪魔することになる。しかし，実際には後輪は回転できるようにつくられているので，後輪は自動車が前進する速度に応じて回転することになり，後輪の接触点での摩擦力は小さくなるのである。なお，この**回転**という運動も，力学において重要なテーマの1つである。

### 1.2.4　力の合成

　ここまでは，重力や抗力の矢印は垂直方向に，摩擦力の矢印は水平方向にはたらくとしてそれぞれ独立に描いてきたが，これは説明の便宜上のことであり，実際にはそれらの力は同時にはたらいているため，矢印同士（力同士）の関係が物体の運動にとって重要になってくる。

　力のように方向と大きさをもつ量のことを**ベクトル**，大きさだけをもつ量を**スカラー**といい，ベクトルは，合成したり，分解したりすることができる。

　一般に，2つのベクトル $a$ とベクトル $b$ を合成したベクトル $c$ をつくるには，ベクトル $a$ の先端にベクトル $b$ の始点（矢印の出発点）を合わせて，ベクトル $a$ の始点からベクトル $b$ の先端に向かう矢印を描けばよい。また，ベクトル $a$ とベクトル $b$ の矢印を一辺とする平行四辺形を描くことでも合成することができる。

　図 1.9 に，いくつかの例を示した。このうち，最もよく使われるのが，最後に示した，ベクトル $a$ とベクトル $b$ が互いに直交関係にある場合である。これは，ベクトル $a$ とベクトル $b$ の合成のみならず，ベクトル $c$ を垂直方向のベクトル $a$ と水平方向のベクトル $b$ に

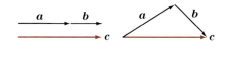 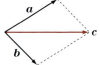 

2つの力 $a$ と $b$ を足して，合力 $c = a + b$ をつくることができる（力が斜めであっても同じ）。

$b$ を平行移動して，$a$ と $b$ のつくる平行四辺形の対角線を合力 $c$ としてもよい。

$a$ と $b$ が直交している場合，平行四辺形は長方形になる。

**図 1.9** 力の合成と分解

分解することでもよく使われる。

これを抗力と摩擦力に応用すると，例えば人が走っているときにはたらいている力は，図 1.10 のようになる。人が歩いたり走ったりするときには，足は地面を真後ろではなく，斜め後ろに蹴っている。また，地面を強く蹴ると，体重（体にはたらく地球からの重力）に相当する抗力以上の上向きの反作用による力を地面から得ることも可能であるが，これが飛ぶ（ジャンプ）ということである。

**図 1.10** 力の合成と分解
ある方向の力を 2 成分に分解する。通常は直交座標系をとり，図 1.9（右端）のように，$x$ 成分（水平），$y$ 成分（垂直）を合成したり分解したりして考える。

### 練習問題 1.3

この図は前方にジャンプをしている人の踏切のとき，飛んでいるとき，着地のときの 3 つの状態を描いたものである。それぞれの状態のときに人にはたらいている力の概略を矢印で書き入れよ。

## 1.3 力のつり合い

前節では，力の概念を定性的に述べてきたが，本節以後では，やや厳密に力の法則について述べていく。まず，ベクトル量の計算を用い，力のつり合いとはどういうことかを，力士の絵を使って説明する。なお，力の単位については 1.6 節で述べることにして，当面は重さを表す kg（キログラム）重を使って話を進めることにする。

 1 kg 重は，1 kg の物体にはたらく地球の重力の大きさのこと。

図 1.11 (a) は，力士が仕切っている場面である。力士に作用している力は，地球からの万有引力である重力 $F$ と，それぞれの足が土俵から受けている抗力 $N$ だけである（左右均等と仮定）。両足は土俵を下向きに押しているのでその力も描いているが，その力と抗力は作用・反作用の関係になっている。

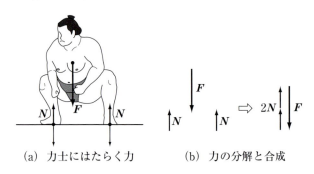

(a) 力士にはたらく力　　(b) 力の分解と合成

**図 1.11** 力士が仕切っているときの力の様子

これ以後は，力士にはたらいている力のみを考えて，力士が地面に対して及ぼしている力は考えないことにする。$F$ の大きさは体重ということであり，例えば 150 kg 重というように考えればよい。力の矢印の作用点は，抗力 $N$ は両足の裏であり，$F$ の場合は，体の重心とする。

図 1.11 (b) は，力士にはたらいている力の矢印だけを抜き出して描いたものである。ベクトルの計算では，各矢印を自由に平行移動して重ねることができて，同じ向きを向いたもの同士は長さを足し算し，逆向きの場合は引き算すればよい。もし，合計でゼロになれば，全体として力ははたらいていないということになり，その物

体にはたらく力がつり合っているということになる。

いまの場合，力士にはたらく力がつり合っているからこそ安定に仕切っているのだから

$$F + 2N = \mathbf{0} \qquad (1.1)$$

という関係が成り立っていることになる。ここで，$\mathbf{0}$ は長さがゼロのベクトルという意味で，**ゼロベクトル**という。(1.1) より，$F = -2N$ となるので，ベクトル $F$ と $N$ は符号が逆になり，力の向きが互いに反対であることがわかる。

なお，ここでは両足の抗力を等しく $N$ としたが，これは左右対称の姿勢で仕切っているとしたからであり，一般には $N_1$, $N_2$ などのように異なる大きさにとっても構わない。

次に図 1.12 (a) において，2 人の力士が四つに（両手を差し合って）組んで動かない場合の力のつり合いを考えてみよう。

まず，体重を表すベクトル $F_L$ と $F_R$ は，それぞれの重心で鉛直下向きにはたらいている。押し合っていることを表すのが，互いに逆向きの水平の力 $Y_L$ と $Y_R$ ($Y_L = -Y_R$) で，これは作用・反作用の典型である。厳密にいえば，$Y_L$ と $Y_R$ のような力は，2 人の体のあちこちで複雑にはたらいているはずであるが，この図では，それらを代表して 1 つのベクトルで表している。また，力の作用点も本当は皮膚の表面であろうが，このようなつり合いを考える場合は重心にはたらくとしてよい。ベクトルは平行移動させてもその性質が変わら

おもりを糸で吊り下げたときに糸が示す方向（重力の方向）のことを鉛直という。また，基準となる線や面に対して，直角の方向のことを垂直という。

ここでは，L は Left （左），R は Right（右）の頭文字として添字を入れた。

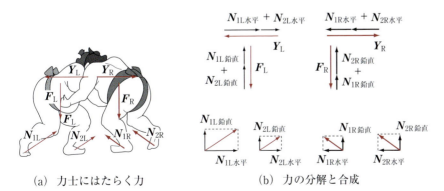

(a) 力士にはたらく力  (b) 力の分解と合成

**図 1.12** 力士が組み合っているときの力の様子

ないからである。

さて，組み合って動かないためには，双方の力士が共に足で踏ん張る必要がある。それを表したのが，足の裏に作用する斜め上向きの力のベクトル $N_{1L}$, $N_{2L}$, $N_{1R}$, $N_{2R}$ である。足で踏ん張ったときに，このような方向に力を感じるということは直観的にも理解できるのではないだろうか。ただし，これは適当に斜めに描いてあるのではなく，力の分解や合成に基づいて描いたものである。

図1.12 (b) の下段の図は，力士にはたらいている力（矢印）だけを抜き出して描いたものである。力は分解して考えてもよいので，例えば，左側の力士にはたらいている斜めの力 $N_{1L}$, $N_{2L}$ は鉛直上向き成分 $N_{1L鉛直}$, $N_{2L鉛直}$ と水平右向き成分 $N_{1L水平}$, $N_{2L水平}$ に分けられる。そして，力士同士が互いに組み合って動かない状態では，上段の図に示したように，これら鉛直成分と水平成分をそれぞれ足し算した力 $N_{1L鉛直} + N_{2L鉛直}$, $N_{1L水平} + N_{2L水平}$ が，重力 $F_L$ や横向きの力 $Y_L$ と

$$F_L + N_{1L鉛直} + N_{2L鉛直} = 0, \qquad Y_L + N_{1L水平} + N_{2L水平} = 0 \tag{1.2}$$

の関係になっており，鉛直，水平方向ともにはたらく力の総和がゼロ，すなわち，つり合いが実現しているのである。これは，右側の力士についても全く同様である。

このように力を複数の成分に分けることを，**力の分解**という。やや煩雑であるが，非常に基本的なことでもあるので，しっかりと理解してほしい。

次に図1.13 (a) のように，一方の力士が投げられて勝負がつく場合の力を考えよう。この場合にも，体重を表す力 $F_L$ と $F_R$ は図1.12 (a) と同様に作用している。図1.12 (a) との最大の違いは，右の力士は空中に浮いているため，足の裏からの抗力がないということである。さらに，左の力士から背中を押し込まれているため，斜め右下向きの力 $Z$ も受けている（左の力士は，その反作用として $-Z$ を受けていることに注意）。

図1.13 (b) は，図1.12と同様に，力士にはたらく力（矢印）を分

力の分解があれば，その反対の合成もあり，両者は表裏一体である。後に述べるように，合成した力のことを合力という。

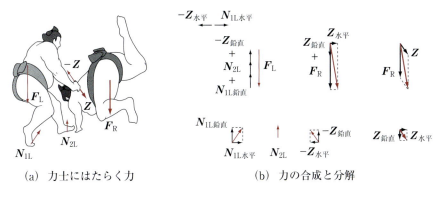

(a) 力士にはたらく力　　　(b) 力の合成と分解

**図 1.13**　力士が倒れるときの力の様子

解して描いたものである．左の力士の場合，足の裏への力 $N_{1L}$ は鉛直上向き成分 $N_{1L鉛直}$，水平右向き成分 $N_{1L水平}$ に分けられるが，$N_{2L}$ はもともと鉛直方向の成分しかないものとする．また，背中を押す反作用 $-Z$ も鉛直成分 $-Z_{鉛直}$ と水平成分 $-Z_{水平}$ に分解する．このように考えると，鉛直方向では $N_{1L鉛直} + N_{2L} - Z_{鉛直}$ と体重 $F_L$ が，水平方向では $N_{1L水平}$ と $-Z_{水平}$ がつり合っており，すなわち，

$$F_L + N_{1L鉛直} + N_{2L} - Z_{鉛直} = 0, \quad N_{1L水平} - Z_{水平} = 0 \quad (1.3)$$

が成り立つので，左の力士は倒れない．

一方，右の力士の場合は，鉛直方向では $F_R + Z_{鉛直}$，水平方向では $Z_{水平}$ があるのみで，これらの力は，図 1.13 (b) の真ん中で示したように合成できる．なお，これは成分に分解するまでもなく，平行四辺形をつくっても合成できる（一番右側の図）．

このように，複数の力を 1 つに合成した力のことを **合力** という．そして，この合力を打ち消す力のベクトルがないとき，ゼロベクトルの状態にはなれず，つり合いの状態になることができない．したがって，この合力の方向に力士は落ちていくことになるのである．

以上のように，1 つの物体に複数の力がはたらく場合，すべての方向で力の和がゼロであれば力はつり合っているといい，その物体は静止（または，いまの状態を維持）することになる．

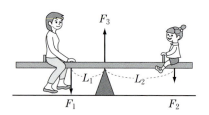

**図 1.14** シーソーのつり合い

\* 支点とは文字どおり，重力があるときにその物体を支える点であるが，その物体に回転が起こるようなときには，その回転の中心となる点のことである。

力のモーメントとは，物体を回転させようとする力の性質（能力）のことである。

～～～～～～ 参 考 ～～～～～～

**回 転**

物体にはたらく力をすべて足し合わせてゼロになれば，つり合いの状態が実現して物体は静止（または，いまの状態を維持）することになるといったが，これは厳密には正しくない。

例えば，図 1.14 のようなつり合いの状態にあるシーソーを考えると，板にかかる 2 つの重力 $F_1$，$F_2$ と支点*にはたらく抗力 $F_3$ は

$$F_1 + F_2 + F_3 = 0 \qquad (1.4)$$

のつり合いの条件を満たす必要があるが，どちらかに回転しないようにバランスをとるためには，さらに

$$F_1 L_1 = F_2 L_2 \qquad (1.5)$$

のような条件が必要となる。相撲で力士間の力を考える場合にも，厳密には回転運動に対する配慮が必要であるが，本書ではその運動は考えないことにするので注意されたい。

なお，一般に力 $F$ が作用する点と回転の中心との距離を $L$ としたとき，$F \times L$ のことを**力のモーメント**という。物体が回転しないためには，物体における力のモーメントの和がゼロでなければいけない。

## 1.4 物体の運動の数式化

### 1.4.1 速 度

物体の動きが速いか，遅いか，どちらの方向に動くかなどの運動の状態を表すには，**速度**（あるいは，速度の大きさを表す**速さ**）という量を使う。速度は，一般に $v$ で表すことが多いが，これは速度の英語である velocity からきている。物体は，常に速度を一定に保って動いていることもあれば，その瞬間ごとに異なる速度で動いていることもある。通常，物理学では，速度 $v$ は 1 秒（1 s や 1 sec（s と sec は second の略）と表す）間に何メートル動いたかを表す。例えば，1 秒間で 5 m 動いたら 5 m/s，0.1 秒間に 5 m ならば 50 m/s の

ように表すが，これはあくまでも1秒間の平均値である。

では，より一般的に速度というものを定義してみよう。速度を定義するためには，まず最初に物体の位置を決めなければいけないが，そのためには<u>座標</u>というものを導入する必要がある。座標とは，空間内に3方向に直交した軸を想定して，図1.15のような軸上の目盛によって物体の空間内の位置を表すものである。3次元の運動であれば，図のように点Pの位置を $(x, y, z)$ の3成分で表す。なお，原点Oから点Pに引いた矢印をベクトルとすれば，ベクトルも座標によって表すことができる。以下では，3次元ではなく，簡単に $x$ 方向だけの1次元の運動を考えてみよう。

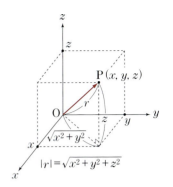

**図1.15** 座標

2次元の平面なら，$z$ 成分がないので，$(x, y)$ の2成分で表せる。

図1.16のように，時刻 $t_1$ に位置を表す座標 $x = s_1$ にいた物体が，時刻 $t_2$ に $x = s_2$ へと移動したときの（平均の）速度の大きさ $v$ は

$$v = \frac{位置の変化}{時間の変化} = \frac{s_2 - s_1}{t_2 - t_1} = \frac{\varDelta s}{\varDelta t} \quad (1.6)$$

のように定義する。ここで，$t_2 - t_1 = \varDelta t$, $s_2 - s_1 = \varDelta s$ の $\varDelta$ はギリシャ文字のデルタで，物理学では変化の幅を表すときに用いる。また，速度も大きさと向きをもつベクトル量であるが，(1.6) は大きさのみを表す速さの式である。

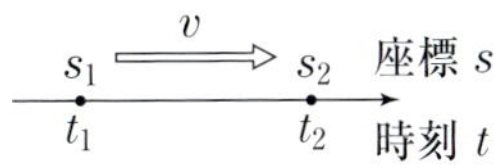

**図1.16** 速度ベクトル

### 1.4.2 力と加速度

さて，運動の状態は物体の位置が時間とともにどのように変化しているか，すなわち，速度 $v$ により記述できることがわかったが，次に，力を数式で表現してみよう。そこで，いま摩擦のない滑らかな床の上に静止している物体に力を加えて運動をさせる場合を考えると，以下のような事実がこれまでの多くの実験を通してわかっている（図1.17）。

(1) 静止している物体に力 $F$ を $\varDelta t$ 秒間だけ加えたら（指で物体を押すようなことを想像すればよい），物体はある一定の速度で動き出した。この速度を $\varDelta v$ とすると，その後は別の力がはたらかない限り，物体は一定の速度 $\varDelta v$ で走り続けた。

以降では1次元の運動を考えているので，向きは1つに決まってしまい，大きさだけが問題になる。そのため，正確には，ベクトル量を意味する速度ではなく，スカラー量を意味する速度の大きさ（速さ）とよぶべきであるが，後に出てくる加速度や力も含め，ここでは「大きさ」という表現は省略することにする。

(1)
物体に $\Delta t$ 秒間だけ力 $F$ を加えると,速度 $\Delta v$ を得る。

(2)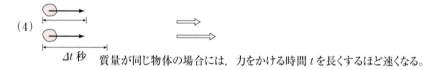
質量の異なる物体に同じ時間だけ力を加えると,質量が小さい方が速い。

(3) 質量が同じ物体の場合には,力 $F$ を大きくする(強く押す)と,$F$ が大きい方が速くなる。

(4) 質量が同じ物体の場合には,力をかける時間 $t$ を長くするほど速くなる。

**図1.17** 物体の加速

(2) 次に,材質は同じで,より大きな(重い)物体に(1)と同じことをしてみると,物体の速度 $\Delta v$ は(1)の場合よりも遅くなった。ここで物体の大きさ(重さ)を表す量として**質量**$^*$という量を導入し,それを $m$ で表す。質量 $m$ が大きいと,同じ力を加えても生じる速度 $\Delta v$ は小さくなった。すなわち,$m$ が大きいと動かしにくいことがわかった。

(3) 今度は,物体に加える力 $F$ を大きくしてみると(これは強く押すということを意味するが),(1)の場合よりも物体の速度 $\Delta v$ は速くなった。

(4) 最後に,物体に力を加える時間 $\Delta t$ を長くしてみると,$\Delta t$ が長いほど,物体の速度 $\Delta v$ は速くなった。

以上の実験結果をまとめてみると,物体の速度 $\Delta v$ は,外から加わる力 $F$ が大きく,加わる時間 $\Delta t$ が長いほど速くなり,また同じ力を加えても,物体の質量 $m$ が大きいほど,その速度 $\Delta v$ は遅くな

---

\* 物体そのものがもつ量を**質量**といい,それを $m$ や $M$ という文字で表すことが多い。質量というのは,そこにどれだけの物質が存在するかということを表す単位であり,その厳密な意味は後述することにして,当面の感覚として,$m$ の大小は重い軽いということであると考えておいてよい。

るということになる。すなわち，このことを数学的に表現すると，$\varDelta v$ は $F$ と $\varDelta t$ に比例し（$\varDelta v \propto F \times \varDelta t$），$m$ に反比例する（$\varDelta v \propto 1/m$）ということになる（$\propto$ は比例を表す記号）。

したがって，比例定数 $k$ を用いると，$\varDelta v = k\{F \times \varDelta t \times (1/m)\} = k(F \varDelta t / m)$ というように表すことができるが，今日の物理学ではその比例定数 $k$ を 1 として $\varDelta v = F \varDelta t / m$，すなわち，

$$F \varDelta t = m \varDelta v \tag{1.7}$$

と表す。

(1.7) の意味は，質量 $m$ の物体に力 $F$ を $\varDelta t$ 秒間加えたら，速度が $\varDelta v$ だけ変化したということである（最初は速度ゼロで静止していたから，$\varDelta v$ になったともいえる）。この式の両辺を $\varDelta t$ で割り算すると

$$F = m \frac{\varDelta v}{\varDelta t} \tag{1.8}$$

となるが，ここで右辺の $\dfrac{\varDelta v}{\varDelta t}$ の意味を考えてみよう。

これは時間 $\varDelta t$ の間に速度が $\varDelta v$ だけ変わったということであり，速度の変化の割合を表している。物理学では，この量のことを**加速度**とよび，

$$a = \frac{\varDelta v}{\varDelta t} \tag{1.9}$$

のように $a$ で表すことが多い。これは加速度の英語である acceleration（アクセラレーション）に由来するものである。

(1.9) を (1.8) に代入すると

$$F = ma \tag{1.10}$$

となり，「力 $F$ は質量 × 加速度で与えられる」ことになる。ここで加速度 $a$ は力 $F$ と同じくベクトル量であり，矢印の方向は $F$ と同じである。また，$a$ をベクトルとして描く場合の始点は物体の重心とする。

さて，ここまでは速度ゼロの静止している物体に力 $F$ を $\varDelta t$ 秒間加えて，速度が $\varDelta v$ になる場合を考えてきたが，次に，静止している

$A$ が $B$ と $C$ に比例（$A \propto B$, $A \propto C$）する場合には，$A$ は $B$ と $C$ を掛けた $BC$ にも比例する（$A \propto BC$）ことになるので，比例定数として $k$ を用いると，比例の記号 $\propto$ が $=$ に変わって，
$$A = kBC$$
と表せることになる。

物体に限らず，動いている物体に力を加える場合へと一般化して考えてみよう。

いま，時刻 $t_1$ から $t_2$ まで物体に力 $F$ を加えて，その速度が $v_1$ から $v_2$ まで変わったとすると，$\Delta t = t_2 - t_1$，$\Delta v = v_2 - v_1$ となるので，(1.8) は

$$F = m\frac{\Delta v}{\Delta t} = m\frac{v_2 - v_1}{t_2 - t_1} \qquad (1.11)$$

と表せる。なお，この場合，力を加えることで減速（$v_2 < v_1$）することもあるので，加速度は負になることもある。

また，(1.7) は

$$F(t_2 - t_1) = m(v_2 - v_1) \qquad (1.12)$$

のように表すこともできる。この式の意味は，力 $F$ を $t_2 - t_1$ 秒間加えたとき，質量 $m$ の物体の速度が $v_1$ から $v_2$ になるということであり，左辺の力 $F$ とその作用した時間の積のことを**力積**という。一方，質量 $m$ と速度 $v$ の積 $mv$ は，この物質のもつ**運動量**とよばれ，一般に $p = mv$ と表すので，(1.12) の右辺は，時刻 $t_1$ と $t_2$ における運動量 $p_1 = mv_1$ と $p_2 = mv_2$ の差 $p_1 - p_2$ ともいえる。すなわち，「力積は，その物体の運動量の変化に等しい」といえる。

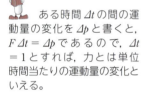
ある時間 $\Delta t$ の間の運動量の変化を $\Delta p$ と書くと，$F\Delta t = \Delta p$ であるので，$\Delta t = 1$ とすれば，力とは単位時間当たりの運動量の変化といえる。

なお，本書の範囲では，ある時間 $\Delta t$ の間に外から加わる力 $F$ は一定（大きさは変わらない）とし，その時間内は一定の力で物体を押すという場合のみを扱うことにする（現実には時間とともに力 $F$ の大きさが変わることはよくあるが，本書では扱わないことにする）。

## 1.5　運動方程式と運動の法則

前節で導出した $F = ma$ という式について改めて考えてみよう。本章のはじめに，力とは運動の状態を変えるものであると述べたが，そこでの話はすべて定性的な範囲のものであった。しかし，速度の時間変化の割合を表す加速度というものが定義され，それはまさに

運動の状態を変えるものであった．また，質量は対象としているものの量を表すものであるが，$a = F/m$ より，力が一定なら質量が大きいほど加速度が小さくなることがわかり，このことは，重いものほど動きにくいという我々の感覚とも一致しているといえる．

すなわち，ニュートンによって初めて導入された (1.10) の $F = ma$ は力を定量的に定義している式であり，物理学の中で一番重要な式といっても過言ではない．物理学では，これを**ニュートンの運動方程式**とよび（これを運動の第 2 法則とよぶこともある），ニュートンは運動の法則を次の 3 つにまとめている．

第 1 法則は，上述の第 2 法則を導出する際に述べたことであるが，物体は外から力がはたらかない限り（はたらいたとしても，その合力の和がゼロならば）静止あるいはそのままの速度で動き続ける，というものである．つまり，力がはたらかない限り，速度ゼロの物体はゼロのままであり，速度 $v$ で動いている物体は $v$ という一定の速度で動き続けるということである．これを**慣性の法則**という．

第 3 法則は，実はすでに述べたことであるが，物体 A が物体 B に力を作用すれば，B も A に逆向きの力を作用するという作用・反作用の法則である．

運動の 3 つの法則をここにまとめておこう．

---

**第 1 法則（慣性の法則）**

物体は力がはたらかない限り（はたらいたとしても，その合力の和がゼロならば），静止あるいはそのままの速度で動き続ける．

**第 2 法則（運動方程式）**

力 $F =$ 質量 $m \times$ 加速度 $a$

**第 3 法則（作用・反作用の法則）**

物体 A が物体 B に力を作用すれば，B も A に逆向きの力を作用する．

## 参考

### 微分による表示

速度 $v$ の大きさ(速さ)は位置の時間変化の割合で決まり,加速度 $a$ の大きさは速度の時間変化の割合で決まる。このような量を厳密に取り扱うには微分の知識が必要である。これまでは,時刻 $t_1$ での位置の座標を $s_1$,時刻 $t_2$ での位置の座標を $s_2$ としたとき,速度 $v$ の大きさは単に時刻 $t_1$ と時刻 $t_2$ の間の平均をとって

$$v = \frac{s_2 - s_1}{t_2 - t_1} = \frac{\Delta s}{\Delta t} \tag{1.13}$$

としてきたが,$t_2$ を $t_1$ に限りなく近づけた極限値を考えると,それが時刻 $t_1$ の瞬間の速度というものを厳密に与えることになる。

位置の座標 $s$ を時間 $t$ の関数とみなしたとき,このように極限 (limit) を考える操作を

$$v = \lim_{\Delta t \to 0} \frac{\Delta s}{\Delta t} = \frac{ds}{dt} \tag{1.14}$$

のように書き,$ds/dt$ を関数 $s$ の時間 $t$ に関する**微分**とよぶ(図 1.18)。加速度に関しても同じで,この場合は $v$ を $t$ の関数とみなして (1.9) の極限を考える操作を行うと,

$$a = \lim_{\Delta t \to 0} \frac{\Delta v}{\Delta t} = \frac{dv}{dt} \tag{1.15}$$

と表される。ここで (1.14) より $v$ を $s$ を使って表すと,$a$ は $s$ を 2 回微分した量として

$$a = \frac{dv}{dt} = \frac{d}{dt}\left(\frac{ds}{dt}\right) = \frac{d^2 s}{dt^2} \tag{1.16}$$

のように表される。そして,これらの微分の表現を使うと,運動方程式は

$$F = ma = m\frac{dv}{dt} = m\frac{d^2 s}{dt^2} \tag{1.17}$$

となる。

なお,$F = m(dv/dt)$ の表式で外力がない場合は $F = 0$,すなわち $dv/dt = 0$ となるので,$v$ は時間によらない定数となり,慣性の法則が自動的に出てくることになる。

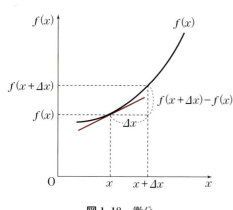

図 1.18 微分

微分するとゼロになるのは定数!

## 1.6 運動の具体例の計算

本節では,これまでに述べてきたことを踏まえながら,具体的な問題にアプローチしてみよう。

**(1) 速 度**

具体的に速度の計算をしてみよう。1.4 節で述べたように,速度は 1 秒間に何メートル動くかということを表し,m/s のような単位を付けて書く。なお,一定の速度で直線上を動く運動を**等速直線運動**という(図 1.19 (a))。

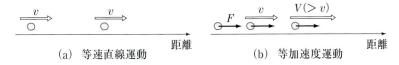

図 1.19　物体の運動

---

**例題 1.3**

等速直線運動をする物体が 5 秒間に 20 m 動いたときと,0.2 秒間に 60 m 動いたときの速度をそれぞれ求めよ。

---

〈解答〉　(1.6) より,
$$\frac{20}{5} = 4\,[\text{m/s}], \qquad \frac{60}{0.2} = 300\,[\text{m/s}]$$
となる。　¶

**練習問題 1.4**

等速直線運動をする物体が 1 分間に 100 m 進むときの秒速を求めよ。

**練習問題 1.5**

等速直線運動をする物体の時速が 1200 km のときの秒速を求めよ。

### （2）加 速 度

具体的に加速度の計算をしてみよう。加速度は速度が1秒間にどれだけ変わったかということを表し，m/s²のような単位を付けて書く。なお，加速度が一定の運動を**等加速度運動**（図1.19(b)）といい，本書で扱うのは等加速度運動だけで，加速度が変化する場合は扱わないことにする。

#### 例題1.4

等加速度運動をする物体の速度が2秒間で10 m/sから20 m/sに変わったときの加速度を求めよ。

〈解答〉 (1.9)より

$$\frac{20-10}{2} = 5\,[\mathrm{m/s^2}]$$

となる。 ¶

#### 練習問題1.6

止まっていた車が，発進後5秒で秒速20mになった。このときの加速度を求めよ。

### （3）グラフを描く

等速直線運動や等加速度運動のグラフを描いてみよう。縦軸に速度 $v$，横軸に時間 $t$ をとると，等加速度運動は，$a$ という傾きをもった直線 $v = at$ となる（図1.20）。加速度が大きくなれば直線の傾きも大きくなり，また加速時間が長いほど速度も大きくなる。加速が終わった後は等速直線運動となり，グラフは水平の直線になる。

実際の運動は，それらの組み合わせである。例えば，高速道路での自動車の車線変更では，一定の速度で走っている車を加速したり減速したりする（図1.21）。なお，減速するということは，加速度が負ということを意味する。

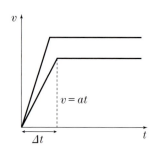

図1.20 運動のグラフ

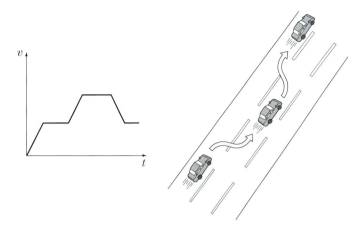

**図 1.21** 多様な運動

次に，等速直線運動や等加速度運動での移動距離を考えよう．等速直線運動の場合は簡単であり，一定の速度 $v = v_0$ で $t$ 秒間動いたときの移動距離 $S$ は単なる比例の関係であり，1 秒間で $v_0$，2 秒間で $2v_0$，3 秒間で $3v_0$，… となるので，

$$S = v_0 t \tag{1.18}$$

となる（図 1.22 (a)）．

> 上のグラフで右下がりになっているところが，減速している部分，すなわち，加速度が負の部分である．

等加速度運動の方は，やや面倒である．加速度 $a$ の等加速度運動

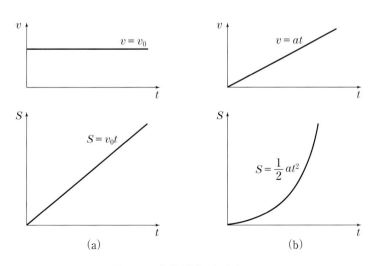

**図 1.22** 移動距離はどうなるか

の速度 $v$ は $v = at$ であるが，このとき，$t$ 秒間動いたときの移動距離 $S$ は以下のように考える。

時刻 $t = 0$ で $v = 0$，$t$ 秒後の速度は $v = at$ なので，$t$ 秒間の平均の速度は中間の $at/2$ である。したがって，この平均の速度で $t$ 秒間移動したと考えれば，移動距離 $S$ は

$$S = \frac{1}{2}at \times t = \frac{1}{2}at^2 \tag{1.19}$$

となる。このグラフは，図 1.22 (b) のように，$t$ に関する 2 次曲線（放物線）となる。

―――― 参考 ――――

**積分**

速度 $v$ が時間 $t$ によらず一定であるならば，図 1.22 (a) のように等速直線運動の移動距離 $S$ を $S = v_0 t$ と表せるが，$v$ が $t$ に依存する場合は，このような単純な掛け算はできない。このような場合は，積分という考えを使えば，速度が時間的に一定でないようなときも含めて，移動距離を求めることができる。

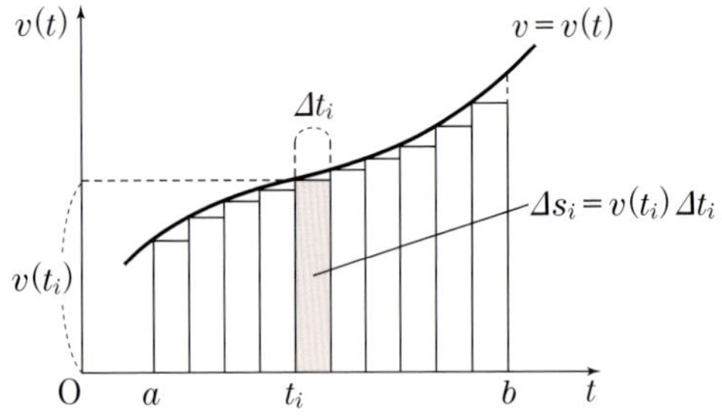

いま，$v = v(t)$ のように速度 $v$ が $t$ の関数であるときの，$t = a$ から $b$ の間の移動距離 $S$ を求める（図 1.23）。その際，$a$ と $b$ の間を $n$ 個の区間に区切り，その区間の幅を $\Delta t_i$ とし，$t_i$ から $t_i + \Delta t_i$ までの 1 つの区間に注目する。$\Delta t_i$ は非常に短いとすると，その間では $v(t_i)$ は一定とみなせるので，$\Delta t_i$ の間の移動距離 $\Delta s_i$ を $\Delta s_i = v(t_i) \Delta t_i$ と書ける。$t = a$ から $b$ までの移動距離 $S$ は各区間の総計 $S = \sum_{i=1}^{n} v(t_i) \Delta t_i$ であるが，ここで $\Delta t_i \to 0$ として $a$ と $b$ の間を無限個の $\Delta t_i$ に区切ってすべてを加える。この和を

$$S = \lim_{n \to \infty} \sum_{i=1}^{n} v(t_i) \Delta t_i = \int_a^b v(t)\, dt \tag{1.20}$$

のように書き，$S = \int_a^b v(t)\, dt$ のことを関数 $v(t)$ の $a$ と $b$ の間での**定積分**という。これは図 1.23 からもわかるように，関数 $v(t)$ と横軸の間の部分の面積を求めていることに相当する[*]。

図 1.23 積分

[*] (1.20) は，$v(t)$ に関する不定積分とよぶ量 $V(t)$ を使い，$\int_a^b v(t)\, dt = [V(t)]_a^b = V(b) - V(a)$ より計算する。$V(t)$ は $\int v(t)\, dt$ と書き，例えば $\int 1\, dt = t + C$，$\int t\, dt = t^2/2 + C$ であり，一般に $\int t^n\, dt = t^{n+1}/(n+1) + C$，$C$ は定数である（$n \neq 1$）。

等速直線運動の場合は $v = v_0$ で一定であるので，この定積分は

$$S = \int_0^t v_0\,dt = v_0\int 1\,dt = v_0 t \tag{1.21}$$

となり，(1.18) と一致する。また，等加速度運動の場合は $v = at$ なので

$$S = \int_0^t at\,dt = a\int_0^t t\,dt = \frac{1}{2}at^2 \tag{1.22}$$

となり，(1.19) と一致することがわかる。

---

### （4） 等加速度運動の具体例

重力によって物体が落下する現象を**自然落下**あるいは**自由落下**といい，これは等加速度運動の例である（図 1.24）。

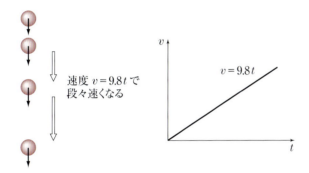

**図 1.24** 自由落下の運動

例えば，地球上で地面に物体が落ちるときには，重い物体でも軽い物体でも，その重さにかかわらず毎秒 9.8 m ずつ速度を増しながら落ちることが実験でわかっている。すなわち，加速度 $a = 9.8$ [m/s$^2$] であり，速度 $v$ は $v = at = 9.8t$ [m/s] で求められる。したがって，1 秒後の速度は 9.8 m/s，2 秒後は 19.6 m/s，3 秒後は 29.4 m/s，…となる。

また，落下距離を $S$ とすれば，(1.19) より $S = at^2/2$ であるので，$9.8t^2/2 = 4.9t^2$ [m] となり，1 秒後は 4.9 m，2 秒後は 19.6 m，3 秒後は 44.1 m，…となる。

**例題 1.5**

ガリレオはピサの斜塔から大小2つの鉄球を落とし，それらが同時に地面に着地することを示したといわれている（図1.25）。塔の高さを55mとして，物体が何秒で地面に落ちるかを計算せよ。

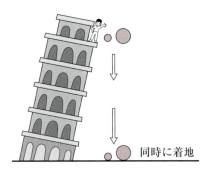

図1.25 ピサの斜塔の実験。質量の異なる物体を落とす。

〈解答〉 $S = at^2/2$ の式を $t$ について解くと，$t = (2S/a)^{1/2}$ となるので，そこへ $S = 55\,[\text{m}]$，$a = 9.8\,[\text{m/s}^2]$ を代入して，

$$t = \left(\frac{55}{4.9}\right)^{1/2} \fallingdotseq 3.35\,[\text{s}]$$

となる。　¶

### （5）重さと質量

地球上での自由落下の加速度 $a = 9.8\,[\text{m/s}^2]$ のことを**重力加速度**とよび，一般に $g$（ジー）と書く。この自由落下の加速度 $g$ を用いると，自由落下をしている物体の運動方程式は $F = mg$ となるが，質量 $m$ の物体を落とさないように手で支えると，手はこの力 $mg$ を感じることになり，これが実感できる重力である（図1.26）。我々が，物体が重い，軽いといっているのは，このときの感触であり，それを重量とか重さといっているのである。

1.4節で述べたが，質量とは物質がそこにどれだけ存在するかということを表すものであった。もっと正確にいえば，物質を構成している原子（厳密には素粒子）がどれだけあるかを表す量である。原子が多くある物体は，それに比例した力で地球に引かれるために

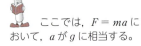

ここでは，$F = ma$ において，$a$ が $g$ に相当する。

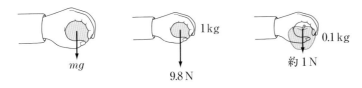

**図 1.26** 力と重さ

重く感じ，原子が少ない物体は，引かれる力が弱いので軽く感じるのである．すなわち，質量が大きい物体は重く，質量が小さい物体は軽いのである．したがって，加わる力が同じであれば，重い物体は動かしにくく，軽い物体は動かしやすいことになる．

物体を自由落下させる場合，普通は重い物体の方が速く落ちるような気がするが，実はそうではない．軽い物体は地球に引かれる力は弱いが，動きやすいので，同じ速さで地上に落ちるのである．これを実証したのが，ガリレオのピサの斜塔での実験である．実際には，物体が地上で落下するときには，重力以外の空気抵抗などの他の力も加わるために，落下する速度に多少の差が出るが，真空中で実験を行えば，ここで述べたことが正しく成立することがわかっている．

**(6) 質量と力の単位**

質量 (mass) の単位はキログラム [kg] を用いるのが一般的であり，これは重量の単位でもある．大ざっぱにいえば，1 kg とは，水1リットルの質量と考えてもよい．厳密には，フランスのパリにある，直径・高さともに 39 mm の円柱形のプラチナ (白金) 90％とイリジウム 10％からなるキログラム原器という合金の塊の質量を基準にして 1 kg と決めている．なお，念のために書いておくと，$1\,[\mathrm{kg}] = 1000\,[\mathrm{g}]$ である．

力の単位はニュートン [N] を用いるのが一般的である．質量 1 kg の物体に $1\,\mathrm{m/s^2}$ の加速度を与える力を 1 N と定義する．すなわち，$1\,[\mathrm{N}] = 1\,[\mathrm{kg \cdot m/s^2}]$ である．したがって，地上で質量 1 kg の物体を手で支えたときに感じる力は，9.8 N，質量 100 g (0.1 kg,

およそ，りんご1個の質量）の物体を手で支えれば，0.98[N] = 約1[N]の力がはたらくことになる（図1.26）。

### （7） 運動する物体が描く軌跡

地上で物体を投げたときに，その物体が描く軌跡を運動方程式を使って求めてみよう。重要なことは，速度や力はベクトル量であり，例えば平面上（2次元）の運動であれば，水平方向と鉛直方向の2つの方向に分解して考えることができることである。以下では，水平方向を $x$，鉛直方向を $y$，原点を物体の射出点として，$xy$ 平面内だけの運動を考えよう。また，速度 $\boldsymbol{v}$ は $\boldsymbol{v} = (v_x, v_y)$ のように $x$，$y$ 方向の成分をもち，空気抵抗などは考えないことにし，$y$ 方向の重力加速度を $g$ とする。

いま，原点から物体を斜め上に投げる場合を考えよう。斜め上に投げる（斜め上に初速度を与える）ということは，その初速度を $v_0$ とすると，最初にこの $v_0$ の水平成分（$x$ 成分）$v_{0x}$，鉛直上向き成分（$y$ 成分）$v_{0y}$ を与えるということである（図1.27）。

さて，$x$ 方向には力がはたらいていないので，物体はずっと初速度 $v_{0x}$ で等速運動をすることになり，速度 $v_x$ と移動距離 $x$ は，それぞれ

$$v_x = v_{0x} \tag{1.23}$$

$$x = v_{0x}t \tag{1.24}$$

となる。

一方，$y$ 方向では，鉛直上向き方向の初速度 $v_{0y}$ に対して，重力による鉛直下向き方向の速度 $-gt$ が加わるので，合計の速度 $v_y$ は

$$v_y = v_{0y} - gt \tag{1.25}$$

となる。また，移動距離 $y$ は，鉛直上向きの初速度による距離 $v_{0y}t$ と，鉛直下向きの重力加速度による落下距離（自由落下の距離）$-gt^2/2$（重力加速度は下向きなのでマイナス）が加わるので，

$$y = -\frac{1}{2}gt^2 + v_{0y}t \tag{1.26}$$

となり，(1.24)より $t$ を消去すると

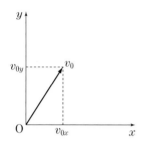

図1.27 物体を斜め上に投げたときの速度の成分

$$y = -\frac{1}{2}gt^2 + v_{0y}t = -\frac{g}{2v_{0x}^2}x^2 + \frac{v_{0y}}{v_{0x}}x$$
$$= -\frac{g}{2v_{0x}^2}\left(x - \frac{v_{0x}v_{0y}}{g}\right)^2 + \frac{v_{0y}^2}{2g} \qquad (1.27)$$

となる。

例えば，$g=9.8$，$v_{0x}=v_{0y}=7$ としてグラフを描くと，図 1.28 のような放物線になる。

ここで，2 つの特別な場合について考えてみよう。

まず，物体を真横（水平方向）に投げる場合である。このときは，上向きの初速度がないので (1.27) において $v_{0y}=0$ とすればよく，直ちに

$$y = -\frac{g}{2v_{0x}^2}x^2 \qquad (1.28)$$

を得る。もしも原点が高さ $h$ のところにあれば（高さ $h$ のところから投げれば），$h$ がプラスされて

$$y = -\frac{g}{2v_{0x}^2}x^2 + h \qquad (1.29)$$

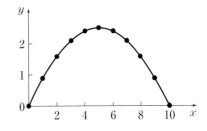

**図 1.28** 物体を斜め上に投げ上げたときの軌跡

となる。そして，この式を $y=0$ とおいて $x$ について解いた $x = v_{0x}\sqrt{2h/g}$ は，高さ $h$ のところから水平方向に初速度 $v_{0x}$ で物体を打ち出したときに，その物体が地面に落下する（$y=0$）までに飛んだ距離である。

次に，物体を真上に投げたとき（$v_{0x}=0$）を考えよう。この場合の運動は $y$ 軸上（$x=0$）のみで起こるので，$y$ は時間だけに依存した式，すなわち (1.26) そのものとなるが，見やすいように少し変形して

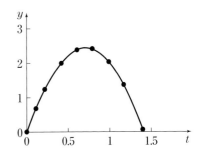

**図 1.29** 物体を真上に投げ上げたときの軌跡

$$y = -\frac{1}{2}gt^2 + v_{0y}t = -\frac{1}{2}g\left(t - \frac{v_{0y}}{g}\right)^2 + \frac{v_{0y}^2}{2g} = -\frac{1}{2}gt\left(t - 2\frac{v_{0y}}{g}\right)$$
$$(1.30)$$

のように書いておく。この式の形により，最高到達点 $y$ は $v_{0y}^2/2g$，その到達時刻は $t = v_{0y}/g$ と求まる。また，(1.30) の最後の式の形

から，$t = 2v_{0y}/g$ 後に $y = 0$ に戻ることがわかる。なお，最高到達点では $v_y = 0$ なので，その時刻 $t$ は (1.25) からも $t = v_{0y}/g$ と求まる。

例として，$g = 9.8$，$v_{0y} = 7$ としてグラフを描くと，図 1.29 のような放物線になる。横軸は，時間 $t$ であることに注意されたい。

**例題 1.6**

野球のマウンドとホームベースの間は $18.44\,\mathrm{m}$ ある。球速 $150\,\mathrm{km/h}$ で水平方向に投げられた直球は，ホームベースに到達するまでにどの程度沈むか。

〈解答〉 (1.28) の $y = -(g/2v_{0x}^2)x^2$ を使うと，この場合，$x$ がホームベースまでの距離に相当し，$y$ が沈む距離となる。$150\,\mathrm{km/h}$ を秒速に換算すると $v_{0x} = 150 \times 10^3/(60 \times 60) \fallingdotseq 41.66\,[\mathrm{m/s}]$，$x = 18.44\,[\mathrm{m}]$ であるので，

$$y = \frac{9.8 \times (18.44)^2}{2 \times (41.66)^2} \fallingdotseq 0.96\,[\mathrm{m}]$$

となる。　¶

**練習問題 1.7**

ボールを真上に投げ上げたら，5 秒後に落下してきた。投げ上げたときの初速と，最高到達点を求めよ。

**練習問題 1.8**

井戸に石を自由落下で落としたら，1.5 秒後に着水時の音が聞こえた。井戸の水面までの距離（深さ）は何 [m] か。

―――― 参考 ――――

重力の正確な式

重力とは，質量 $M$ の地球と質量 $m$ の物体にはたらく万有引力のことであるが，ここまでは，この力を単に重力 $mg$ としてきた。しかし本来の重力は，距離

$r$ だけ離れた質量 $M$ と $m$ の 2 つの物体にはたらく引力 $F$ が，$G$ を比例定数として

$$F = G\frac{Mm}{r^2} \tag{1.31}$$

と表される。

いま，地球の半径を $R$ とすれば，この式は $F = GMm/R^2$ となるが，これが地上では重力 $mg$ に等しいので

$$g = \frac{GM}{R^2} \tag{1.32}$$

となる。

参考までに，$R = 6378.137\,[\mathrm{km}]$, $M = 5.97 \times 10^{24}\,[\mathrm{kg}]$, $G = 6.67 \times 10^{-11}\,[\mathrm{N \cdot m^2/kg^2}]$ として，この (1.32) を計算すると

$$g = \frac{GM}{R^2} \cong \frac{6.67 \times 10^{-11} \times 5.97 \times 10^{24}}{(6.378 \times 10^3 \times 10^3)^2} \cong 9.788 \tag{1.33}$$

となり，ほぼ重力加速度 $g = 9.8\,[\mathrm{m/s^2}]$ と等しくなることがわかる。

なお，地上からの高さ $h$ の場所では，重力の正確な式は

$$F = \frac{GMm}{(R+h)^2} = \frac{GMm}{R^2\left(1+\dfrac{h}{R}\right)^2} \tag{1.34}$$

となり，高いところでは重力は弱くなることがわかる。

## 1.7 仕事とエネルギー

ここまでは，力や運動について学んできたが，物理学には力と並んで非常に重要な概念に，仕事やエネルギーというものがある。ここでは，まず仕事とは何か，日常感覚で考えてみよう。

我々が仕事をしたというときは，何か物体を動かす，持ち上げるなど，単に力を加えるというのではなく，力を加えながら物体を動かすという操作を意

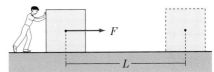

図 1.30 仕事とは

味することが多いが (図 1.30), 物理学における**仕事**は一般に $W$ で表し, 力 $F$ と移動距離 $L$ の積で定義され,

$$W = FL \tag{1.35}$$

となる。ただし, ここでの力は移動方向の成分だけが関係し, 移動距離 $L$ とは, 力の作用している作用点の移動距離を意味する。

力 $F$ をニュートン [N], 移動距離 $L$ をメートル [m] の単位で測ったとき, 仕事 $W$ の単位を**ジュール** [J] と定義する。ジュールの単位は [J] = [Nm] となり, 1N の力で 1m の距離を動かせば 1J の仕事をしたことになる。なお, 力 $F$ は常に一定とは限らないので, このような量は本来は積分を使って定義されなければならないが, 本書では力は一定として扱うことにする。

次に, 物体が仕事をされるとどのような運動をするかを考えてみよう。いま, 水平で摩擦のない床の上に置かれた物体が, 最初の $t$ 秒間に一定の力 $F$ を加えられて等加速度運動を行い, 距離 $L$ だけ進んだ直後の状態を考えよう (図 1.31 (a))。このとき, 加速度を $a$ とすれば, 運動方程式は $F = ma$, $t$ 秒後の速度 $v$ は $v = at$, 移動距離 $L$ は

$$L = \frac{1}{2}at^2 \tag{1.36}$$

で与えられる。これらの式から時間 $t$ と加速度 $a$ を消去し, $L$, $F$, $v$

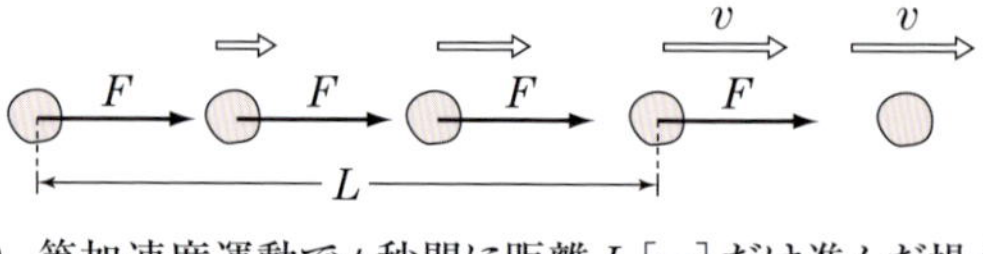

(a) 等加速度運動で $t$ 秒間に距離 $L$ [m] だけ進んだ場合

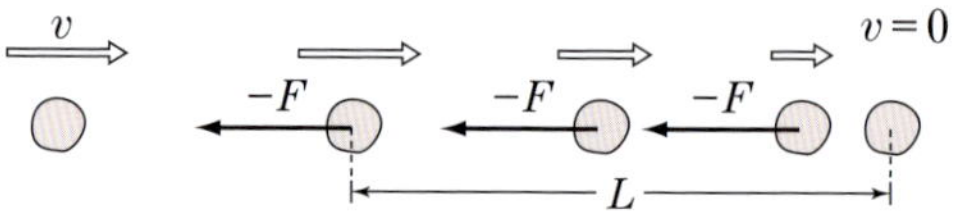

(b) 速度 $v$ で運動している物体に $t$ 秒間に力 $-F$ を加え, その間に距離 $L$ だけ動いた場合

図 1.31 運動エネルギー

の関係を求めると，

$$L = \frac{1}{2}a\left(\frac{v}{a}\right)^2 = \frac{v^2}{2a} = \frac{mv^2}{2F} \tag{1.37}$$

より，

$$FL = \frac{1}{2}mv^2 \tag{1.38}$$

となる。

　この式の左辺 $FL$ は仕事を表す量であるから，$FL$ という仕事をすることで，物体は $mv^2/2$ というある量をもつことがわかるが，物理学ではこの量を**エネルギー**といい，特に $mv^2/2$ のことを，質量 $m$ で速度 $v$ の物体がもつ**運動エネルギー**という。

　また，速度 $v$ で運動エネルギーをもった状態に逆向きの力 $-F$，すなわち，負の加速度 $-a$ が加われば，速度ゼロの状態にすることができることも容易にわかるであろう（図 1.31 (b)）。もし仮に，その力 $-F$ が床との摩擦力だった場合には，運動エネルギーは失われたのではなく，摩擦による熱エネルギーに変わったと考えられる。この場合の熱エネルギーとは，固体内の原子や分子の振動エネルギー*と考えればよい。

　このように，仕事とエネルギーは等価であり，単位も同じであるが，どちらかというと，仕事はある特定の操作を指すことが多い。それに対して，エネルギーの方はどの程度の仕事ができるかという能力を指すことが多い。なお，エネルギー（energy）の語源はギリシャ語の仕事に由来している。

＊　固体内の原子や分子は規則的に配列して，ある定まった位置に存在しているが，静止しているのではなく，その周りで振動しており，それにともなう運動エネルギーを（熱）振動エネルギーなどという。

## 1.8　力学的エネルギー保存則

　前節では，物体に人為的に力を加えて仕事をしたときに，加えた仕事が運動エネルギーに変わることを述べたが，人為的に力を加えるのではなく，重力による自由落下の運動を考えてみよう。

　地上における物体の自由落下で，はじめの $t$ 秒間に $h$[m] だけ落

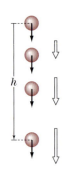

**図 1.32** エネルギー保存則

ちた直後を考える（図 1.32）。前節の議論での運動方程式 $F = ma$ において，重力加速度を $a$ の代わりに $g$ として $F = mg$，また移動距離 $L$ を $h$ におきかえると，(1.38) より

$$FL = mgh = \frac{mv^2}{2} \tag{1.39}$$

となる。また，これより $h$[m] 落ちたときの物体の速度は

$$v = \sqrt{2gh} \tag{1.40}$$

と求まることになる。

(1.40) は，高さ $h$ だけ落下したことで，ある速度をもったことを表している。すなわち，重力が存在するときには，高い所にあるものほど多くのエネルギーをもっていることを意味する。このエネルギーのことを物理学では位置エネルギーという。

重力のある空間では，場所ごとに決まった位置エネルギーが存在している。地上の周辺では，その大きさは単に高さに比例すると考えて（近似して）よいが，地上からあまり高くなってくると，万有引力の式も考慮して計算する必要がある。このようなエネルギーは目には見えないが，潜在的な (potential) 可能性があるという意味で，ポテンシャルエネルギー (potential energy) ともいう。

そして，位置エネルギーを $U$，運動エネルギーを $K$ すると

$$U + K = 一定 \tag{1.41}$$

の関係が常に成立し，これを力学的エネルギー保存則という。上の例のような落下運動の場合には，物体の運動エネルギーが増えた分だけ，位置エネルギーが減ることになる。また，物体を投げ上げる場合には，1.6 節でも示したように，初速で与えた運動エネルギーに相当する高さまで上がって位置エネルギーは最大に達するが，その瞬間は速度がゼロとなり，運動エネルギーもゼロとなっている。振り子の振動やバネの運動などでも，このような保存則が必ず成り立つことが知られている。

このように，エネルギーは常に保存して消えることがなく，別の形におきかわるのである。

エネルギーは消滅することなく保存し，位置エネルギーと運動エネルギーの和は常に一定である。

### 例題 1.7

10 kg の物体が水平な面の上を秒速 5 m で滑っている。この物体に 10 N の力を加えて止めようとすると，何 [m] 動いて止まることになるか。

〈解答〉 いまもっている運動エネルギー $mv^2/2$ がすべて，止めるための仕事 $FL$ に変わると考えればよい。すなわち，$FL = mv^2/2$ より

$$FL = 10 \times L = \frac{10 \times 5^2}{2}, \qquad \therefore \quad L = \frac{5^2}{2} = 12.5\,[\text{m}]$$

となる。

この種類の問題は，1.6 節の運動の法則を使うことでも解くことができる。運動方程式 $F = ma$ より，加速度 $a$ は $a = F/m = 10/10 = 1\,[\text{m/s}^2]$ となるので，$t$ 秒後の速度 $v$ は $v = v_0 - at = 5 - 1 \times t$ となる。したがって，力を加えてから止まるまでにかかる時間は，$v = 5 - t = 0$ より 5 秒である。よって，この間の移動距離 $L$ は，$L = 5t - 1 \times t^2/2$ より

$$L = 5 \times 5 - \frac{5^2}{2} = 12.5\,[\text{m}]$$

となる。

以下の練習問題も，力学的エネルギー保存則，運動方程式のどちらを使っても解けることに注意されたい。

### 練習問題 1.9

地上から 10 m のところから自由落下で物体を落とすとき，地面に衝突する速度を求めよ。

### 練習問題 1.10

初速 $v_0 = 28\,[\text{m/s}]$ で鉛直上向きにボールを投げたとき，そのボールの最高到達点の高さを求めよ。

~~~ 参考 ~~~

**仕事を積分で表す**

物体を A から B に移動したときの仕事 $W$ を求める。A から B への移動中に常に $F$ が一定であれば，仕事は $F \times L$ で求められるが，実際にはそうでないことが一般的である。そこで，場所ごとに $F$ の大きさが異なるときは，AB 間を小さな区間 $\varDelta r_i$ で区切り，その区間内での仕事 $F_i \times \varDelta r_i$ を求めて，それを全区間（AB 間）にわたって積分すればよい（足し合わせればよい）。すなわち，

$$W = \lim_{n \to \infty} \sum_{i=1}^{n} F_i \varDelta r_i = \int_{A}^{B} F \, dr \tag{1.42}$$

によって，AB 間の仕事を求めることができる。

例えば，地球の重力による位置エネルギーを考えてみよう。地上付近では重力を $mg$ としてよいが，これが近似であることは 1.6 節の参考（32 ページ）のところで述べた。したがって，高さ $h$ の差による位置エネルギー $mgh$ も近似値となり，正確に地球の重力による位置エネルギーを求めるには，上記の積分による考え方が必要となる。

重力の正確な式は，(1.34) で与えたように $F = GMm/(R+h)^2$ であったので，これを (1.42) に入れて積分すれば，正確な位置エネルギーが求まることになる。

また，例えばロケットが地球の表面 ($h = 0$) から地球の重力圏外 ($h = \infty$) へ脱出するためには[*]

$$\int_{0}^{\infty} \frac{GMm}{(R+h)^2} dh = \left[ -\frac{GMm}{R+h} \right]_{0}^{\infty} = \frac{GMm}{R} = mgR \tag{1.43}$$

の位置エネルギーとロケットの運動エネルギー $mv^2/2$ が等しければよいので

$$v = \sqrt{2gR} \tag{1.44}$$

となる。これを**脱出速度**または**第 2 宇宙速度**という。なお，第 1 宇宙速度というものもあるが，これについては 2.1 節の練習問題 2.3 を参照されたい。

[*] $1/(R+h)^2$ の不定積分は $\int \frac{1}{(R+h)^2} dh = -\frac{1}{R+h} + C$ である（$C$ は積分定数）。

~~~~~~~~~~~~~~~~~~~~~~~~~~~

### 練習問題 1.11

地球の重力加速度を $g = 9.8 \, [\text{m/s}^2]$，地球の半径を $R = 6378 \, [\text{km}]$ として，(1.44) の $v$ を計算せよ。

# 第 2 章

# いろいろな運動

　物体の運動というものは，直線的なものだけではなく，曲がったり，回転したり，さまざまな動き方の組み合わせでできている。本章では，その基本となるような力学を学ぶ。

## 2.1　円運動

　図 2.1 のように，糸でつながった小さなおもりを振り回したときのおもりの運動を**円運動**という。そして，円運動を数式で表すためには，まず角度の測り方を知らなければならない。日常生活では，角度は 1 回転すると 360 度という測り方（[度] ＝ [°]，deg と略すこともある）が使われているが，物理学では**弧度法**という測り方を使う。この方法は，円弧の長さが半径 $r$ の何倍かということで中心の角度を表すものであり，この角度の単位を**ラジアン**（[rad]）という。

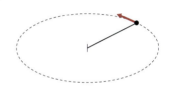

図 2.1　円運動

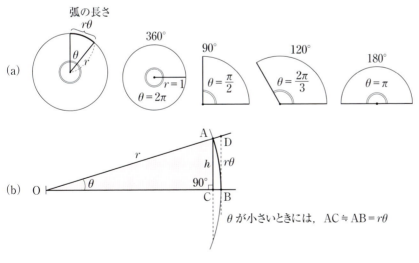

図 2.2　弧度法

図 2.2 (a) のように半径 $r$ を $r=1$ ととると, 360 度は円周 1 周分であるので $2\pi$ [rad], 90° は $\pi/2$ [rad], 120° は $2\pi/3$ [rad], 180° は $\pi$ [rad] に対応することはすぐに理解できるであろう. このような弧度法での角度が瞬間的に頭に浮かぶようになるだけでなく, 弧の長さを角度によって表すことに慣れて欲しい.

**練習問題 2.1**

次の角度を rad, または度 (deg) に変換せよ.
(1) 45°　　(2) 150°　　(3) $4\pi/5$ [rad]　　(4) $\pi/18$ [rad]

弧度法で角度を表すことは, 三角関数を使った近似計算などでは必須事項である. 図 2.2 (b) は中心角 $\theta$, 半径 $r$ の扇形の中に直角三角形 OAC を描いたものであるが, この直角三角形において,

$$斜辺と高さの比 \frac{\mathrm{AC}}{\mathrm{OA}} のことを \sin\theta$$

$$斜辺と底辺の比 \frac{\mathrm{OC}}{\mathrm{OA}} のことを \cos\theta$$

$$底辺と高さの比 \frac{\mathrm{AC}}{\mathrm{OC}} のことを \tan\theta$$

という.

特に, 角度 $\theta$ が小さい場合には, 直角三角形の高さ $h$ $(=\mathrm{AC})$ と弧度法で表した弧の長さ $r\theta$ は $h \fallingdotseq r\theta$ と見なしてよいので, AC/OA $\fallingdotseq r\theta/r = \theta$ となり, 近似式 $\sin\theta \fallingdotseq \theta$ が成り立つ. また, 直角三角形の底辺は近似的に $r$ と見なしてもよいので, AC/OC $\fallingdotseq r\theta/r = \theta$ であり, 近似式 $\tan\theta \fallingdotseq \theta$ が成り立つことも理解できるであろう. これらの近似式は, 角度を弧度法で測らない限り使えない式である.

**例題 2.1**

角度を rad で表したときの $\sin\theta$ と $\theta$ の値を比較して, $\sin\theta \fallingdotseq \theta$ の近似式が成り立つことを検証せよ.

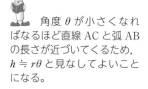
角度 $\theta$ が小さくなればなるほど直線 AC と弧 AB の長さが近づいてくるため, $h \fallingdotseq r\theta$ と見なしてよいことになる.

〈解答〉 表 2.1 の $\theta$ [rad] は，$\pi = 3.14$ としたときの弧度法で測った値を小数点以下 4 位まで計算したものである．$\sin\theta$ の値は 45° や 30° のときは三角比から計算できるが，それ以下のものは数表や電卓を使って求めたものである．角度が小さくなるにつれて，$\sin\theta$ と $\theta$ の値が接近していくことがわかる．各自，電卓などで確かめてみよう．

表 2.1

| $\theta°$ | $\theta$ [rad] | $\sin\theta$ |
|---|---|---|
| 45 | $\dfrac{\pi}{4} = 0.7850$ | $\dfrac{\sqrt{2}}{2} = 0.7071$ |
| 30 | $\dfrac{\pi}{6} = 0.5233$ | $\dfrac{1}{2} = 0.5$ |
| 15 | $\dfrac{\pi}{12} = 0.2617$ | 0.2679 |
| 5 | $\dfrac{\pi}{36} = 0.0872$ | 0.0875 |
| 1 | $\dfrac{\pi}{180} = 0.0174$ | 0.0175 |

¶

以下では，円運動のおもりを質量 $m$ の質点とし，その速度 $v$ は一定とする．この運動を**等速円運動**という．図 2.3 において，$t$ 秒間における円周上での質点の移動距離 $S$ は $S = vt$ である．また，時間とともに角度 $\theta$ [rad] も増えるため，$\theta$ は時間 $t$ に比例する．そこで比例定数を $\omega$（オメガ）とすると $\theta = \omega t$ と表され，この $\omega$ のことを**角速度**という．角速度 $\omega$ は，1 秒間に角度が何 [rad] 変化するかを表すので，この単位は [rad/s] である．

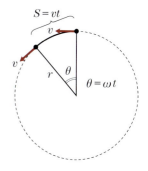

図 2.3 等速円運動の速度

したがって，

$$S = vt = r\theta = r\omega t \tag{2.1}$$

より，

$$v = r\omega \tag{2.2}$$

の関係が成り立つことがわかる．すなわち，等速円運動の速度 $v$ は，半径 $r$ × 角速度 $\omega$ で表すことができる．

また，等速円運動では**振動数（回転数）**$f$ というものも定めることができる．これは $f = \omega/2\pi$ という関係にあって，1 秒間に何回転す

るかということを表すものである。なお，この単位を［Hz］と書いてヘルツと読み，一般にこれを回転数の単位とする。なお，1回転にかかる時間のことを**周期**といって$T$で表し，$T = 1/f = 2\pi/\omega$ の関係がある。そして，等速円運動のように1回転する時間が決まっている運動，すなわち周期が決まっている運動のことを**周期運動**ともいう。

> 周期というのは時間のことであるから，その単位は［s］である。

### 練習問題 2.2

50 cm の糸におもりをつないで速度 8 m/s で回転させたとき，角速度 $\omega$, 振動数 $f$, 周期 $T$ を求めよ。

さて，等速円運動は速度が一定であるから加速度運動ではない気がするが，実はそうではない。円運動では時間とともに速度の方向が常に変化しているからである。

いま，等速円運動をしている円周上において，時刻 $t_1$ のときに速度 $\bm{v}_1$ であった質点が，時刻 $t_2$ で速度 $\bm{v}_2$ に変化したとしよう。この2つのベクトルを1か所へ平行移動すると（このとき，等速であるから $\bm{v}_1$ と $\bm{v}_2$ の絶対値は同じ $v$ であることに注意されたい），図2.4(b)のように速度 $\bm{v}_2$ は，速度 $\bm{v}_1$ に二等辺三角形の底辺方向の速度成分 $\Delta \bm{v}$ が付け加わったものと考えることができる。

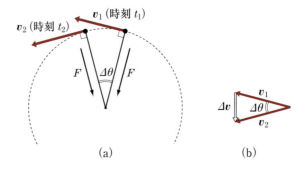

図 2.4 等速円運動の加速度

この $\Delta v$ の絶対値は何かといえば，これは速度の変化である。いま，中心角の変化 $\Delta\theta$ が微小であるならば，図 2.4 (b) の二等辺三角形の底辺の長さは，半径 $v$ の円の円弧とみなして $v$ に $\Delta\theta$ を掛けた $v\Delta\theta$ で近似できるので，$|\Delta v| = v\Delta\theta$ としてよい。

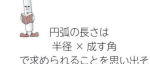
円弧の長さは
半径 × 成す角
で求められることを思い出そう。

この速度の変化 $|\Delta v| = v\Delta\theta$ は $t_2 - t_1$ の間に起こるので，$t_2 - t_1 = \Delta t$ とすれば，単位時間当たりの速度の変化である加速度を $a$ とすると

$$a = \frac{v\Delta\theta}{\Delta t} \qquad (2.3)$$

となる。

ところで，$\Delta\theta/\Delta t$ は単位時間に角度がどのくらい変化するかを表すので，これは角速度 $\omega$ と同じものであるから，(2.3) は $a = v\omega$ と書き直される。したがって，速度と角速度の関係式 (2.2) などを使ってさらに書き直すと

$$a = v\omega = r\omega^2 = \frac{v^2}{r} \qquad (2.4)$$

となる。そして，この式の両辺に質量 $m$ を掛ければ，**等速円運動の運動方程式**

$$F = ma = mv\omega = mr\omega^2 = m\frac{v^2}{r} \qquad (2.5)$$

が得られる。

この式はベクトル量としての方向を考慮して書いていないが，図 2.4 (a) のように，力 $F$ は円の中心方向を向いており，常に質点の運動の向きと垂直であることに注意されたい。この力を円の中心に向かう力という意味から**向心力**（求心力）という。つまり，おもりは，本来は円の接線方向に直進しようとしているのであるが，向心力により常にその方向が曲げられているのである。糸でおもりを振り回しているようなときには，向心力は糸の張力により与えられている。

### 例題 2.2

練習問題 2.2 について，おもりの質量 $m$ を 50g として，糸にはたらく張力を求めよ。

〈解答〉 $F = ma = mv\omega = mr\omega^2 = m(v^2/r)$ のどの式を使ってもよい。例えば，一番最後の式に $m = 0.05\,[\mathrm{kg}]$, $r = 0.5\,[\mathrm{m}]$, $v = 8\,[\mathrm{m/s}]$ を代入して，

$$F = 0.05 \times \frac{8^2}{0.5} = 6.4\,[\mathrm{N}]$$

となる。

### 例題 2.3

地球（半径 $R$）の地表面に近いところで，質量 $m$ の質点が人工衛星になるための速度を求めよ。

〈解答〉 (2.5) の円運動の運動方程式 $F = ma = mv\omega = mr\omega^2 = m(v^2/r)$ の一番最後の式を利用する。質点 $m$ が半径 $r = R$ の運動をするとして，向心力は重力 $mg$ により与えられるとすると，

$$F = mg = m\frac{v^2}{R} \tag{2.6}$$

となる。これより $v^2 = gR$ となるので

$$v = \sqrt{gR} \tag{2.7}$$

となる。

これは (1.45) で求めた解 $v = \sqrt{2gR}$ の $1/\sqrt{2}$ である。すなわち，地球の重力圏に留まる分だけ，少ない速度で済むというわけである。

#### 練習問題 2.3

地球の重力加速度を $g = 9.8\,[\mathrm{m/s^2}]$，半径 $R = 6378\,[\mathrm{km}]$ として，(2.7) の速度を計算せよ。

## 2.2 周期運動

等速円運動のように繰り返し同じ動きをする運動を周期運動とよんだが，バネの振動のような運動も周期運動の1つであり，**単振動**という。本節では，バネの運動を考えることにしよう（図2.5）。

いま，バネの先におもり（質点 $m$ とする）が付いており，質点にはたらく重力でバネが伸びた状態をバネの自然の状態（平衡状態）の長さとする。また，そのときの質点の位置を座標の原点にとり，①のように鉛直方向に $y$ 軸をとる（正の方向を下向きとする）。次に，②のようにバネを指で下に引いて $y$ だけ伸ばした状態にすると，この状態では，質点はバネが縮んで元に戻ろうとする上向きの力 $F = -ky$（$y > 0$）を受けるので，指を離すと質点は上に向かって動き始める。さらに，③のように平衡状態（バネの自然の長さで座標の原点）に戻っても，勢いがついているためにさらに上に向かって動く。しかし，今度はバネが縮み始めるので，おもりは，④のように下向きの力 $F = ky$（$y < 0$）を受け，バネが最も縮んだところで動きが止められて運動の向きが反転する。そして，これを繰り返すことで，バネは上下に運動を続ける。この一連の流れの繰り返しがバネの振動である。

ここでは下向きを正としているので，上向きの力は負の符号となる。

要するに，変位 $y$ が生じると，それに比例して，その変位を抑えようとする力

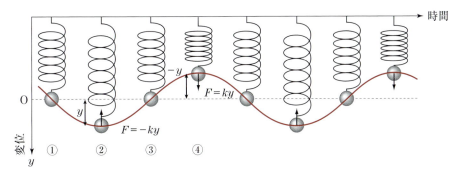

図 2.5　バネの振動

$$F = -ky \tag{2.8}$$

が発生するということが，この運動の最も重要な点であり，(2.8) を**バネの振動の運動方程式**，$k$ を**バネ定数**という。

バネの振動では，おもりは同じ位置で上下運動をしているが，図 2.5 のようにおもりの動きを横軸に時間軸をとって分離して描くと，波のような動きをすることがわかる。そして，このような波の動きは三角関数を使って表される。

### 練習問題 2.4

自然の長さが 40 cm のバネがある。このバネに 50 g のおもりをぶら下げたときに，50 cm の長さになった。このバネのバネ定数 $k$ を求めよ。

### 参考

**三角関数による周期運動の記述**

図 2.6 (a) のように，半径 $r$ の円を描き，角度 $\theta$ のときの三角形を考える。この三角形の斜辺は $r$ であるので，$x$ 座標/斜辺 $= x/r = \cos\theta$，$y$ 座標/斜辺 $= y/r = \sin\theta$ となる。そうすると，図 2.6 (b) のように半径 1 の円を描くと，中心の角度 $\theta$ を変えたときの円周上の $x, y$ 座標は，上の関係式で $r = 1$ として $\cos\theta, \sin\theta$ で与えられることがわかる（ただし，$\theta$ は [rad] で測らなければならない）。

いま円の半径を $r$ として，$\theta$ が時間とともに $\theta = \omega t$（$\omega$：角速度）で変化するような場合を考えよう。これは図 2.3 で考えた等速円運動の場合と全く同じである。この円運動のおもりの位置の $x, y$ 座標の時間変化は，図 2.6 (b) の半径 1 の場合の $\cos\theta, \sin\theta$ のグラフの振幅を $r$ 倍したもので，$x = r\cos\omega t$，$y = r\sin\omega t$ のように表すことができる。

すなわち，等速円運動をしているときのおもりの $x, y$ 座標は，$r$ と $-r$ の間を $T = 2\pi/\omega$ の周期で行き来しているのである。これは，図 2.5 のバネの振動における，おもりの時間的な動きと同じであることもわかる。つまり，等速円運動とバネの振動は類似の運動と考えてよいのである。

このように，バネの振動は，角速度 $\omega$ の等速円運動と同じ周期運動として考

おもりの円運動を真横から見ると，おもりが単に上下の運動を繰り返しているように見える。これは，バネの先に付いたおもりの振動と同じである。

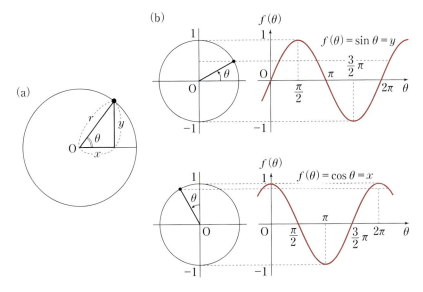

**図 2.6** 周期運動をどのように記述するか

えることができるのである。

　ところで，おもりの $y$ 方向の運動方程式を考えてみよう。1.5 節の (1.17) を使えば，運動方程式は変位 $s$ を時間 $t$ について 2 階微分することで導くことができる。いま $s = y = r\sin\omega t$ であるので，(1.17) に代入すれば

$$F = ma = m\frac{d^2(r\sin\omega t)}{dt^2} = -m\omega^2 y \tag{2.9}$$

が，等速円運動をしている質量 $m$ のおもりの $y$ 方向の運動方程式である。

 $\sin\omega t, \cos\omega t$ の微分は
$$\frac{d}{dt}(\sin\omega t) = \omega\cos\omega t$$
$$\frac{d}{dt}(\cos\omega t) = -\omega\sin\omega t$$
であるので，
$$\frac{d^2}{dt^2}(\sin\omega t) = -\omega^2\sin\omega t$$
となる。

　さて，バネの振動の周期は，(2.8) のバネ定数 $k$ とはどのような関係にあるのだろうか。厳密には，それは微分方程式を解くことで証明しなければいけないが，ここでは (2.8) で示したバネの運動方程式 $F = -ky$ と (2.9) の等速円運動の運動方程式 $F = -m\omega^2 y$ を比較することによって，バネの振動の周期が決められる。

　両者の運動の共通点は，$y$ という変位が発生すると，それに比例して，その変位の変化を抑えるように逆向きの力がはたらくという

ことであり，変位に掛かっている係数 $k$ および $m\omega^2$ は同じ役割をしているものと考えるのである．すなわち，$k = m\omega^2$ とすれば，バネの振動における，等速円運動の角速度 $\omega$ に対応する量は $\omega = \sqrt{k/m}$ となる．また，振動数 $f$ や周期 $T$ と $\omega$ の関係は，$f = \omega/2\pi$，$T = 2\pi/\omega$ であるので，バネの周期として

$$T = 2\pi\sqrt{\frac{m}{k}} \tag{2.10}$$

を得る．

(2.8) で表されるような，変位 $y$ が生じると，それに比例して，その変位を抑えようとする力がはたらくという運動が起こることは非常に多い．一番よく知られているものは振り子の振動である．振り子の振動とは，図 2.7 のように糸で垂らしたおもりが左右に振動する運動のことであり，これを**単振り子**という．

いま，おもりが左右に振れることによる変位 $x$（天井と水平で右方向を $x$ 軸の正とする）が，糸の長さ $l$ に比べて十分小さいときを考える．このとき，振れの角度 $\theta$ も小さいので，おもりを元に戻そうとする重力による力は $F = -mg\sin\theta$ であるが，$\sin\theta \simeq x/l$ と近似ができるので，その運動方程式は

$$F = ma = -mg\sin\theta \simeq -mg\frac{x}{l} = -\frac{mg}{l}x \tag{2.11}$$

となるが，これはバネの運動方程式 $F = -kx$ と同じ形をしていることがわかる．

したがって，(2.10) において $k = mg/l$ とおくと，振り子の周期 $T$ として

$$T = 2\pi\sqrt{\frac{l}{g}} \tag{2.12}$$

を得る．

このことから，振り子の周期は重力加速度 $g$ と糸の長さ $l$ だけで決まり，おもりの質量にはよらないことがわかる．

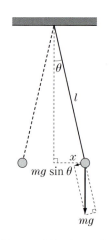

**図 2.7** 振り子の振動

ここでは右向きを正としているので，左向きの力は負の符号となる．

### 例題 2.4

19 世紀の中頃，フーコーは長さが 67 m の振り子をつくり，その振動面が時間とともに回転していくことを観察して，地球の自転の証明とした。この**フーコーの振り子**の周期を求めよ。

---

〈解答〉 $g = 9.8 \mathrm{[m/s^2]}$, $l = 67\mathrm{[m]}$ であるので，(2.12) より

$$T = 2\pi\sqrt{\frac{l}{g}} = 2 \times 3.14 \times \sqrt{\frac{67}{9.8}} \cong 6.28 \times 2.61 \cong 16.4\mathrm{[s]}$$

フーコーの振り子の実験では，長時間の観察が必要であり，その振動が長時間持続した方がよい。したがって，その振り子の長さはできるだけ長くして周期を長くする。また，おもりも重いもの（フーコーは 28 kg 程度のものを使った）がよい。本来，振り子のおもりの重さはその周期には関係しないが，実際には軽いものであると空気抵抗などで振動がすぐ減衰して，長時間の実験には適さない。したがって，今日，フーコーの振り子とよばれている実験装置はかなり大型のものである。　¶

### 練習問題 2.5

練習問題 2.4 のバネで，おもりを付けたままバネをわずかに下に引いて離したときに起こる振動の周期を求めよ。

### 練習問題 2.6

周期 1 秒の振り子をつくりたいときの糸の長さを求めよ。

## 2.3　波　動

単振動は，ある場所での時間的な変位（振動）であるが，振動が周辺に伝わっていく現象もある。一番わかりやすいのは，水面にウキを投げ込んだときの水面の変位（図 2.8）やロープの端を揺さぶったときに伝わっていくロープの変位である。このような現象を**波動**あるいは**波**という。本節では，波の基本的な性質について述べる。

なお，図2.8のような波は，ウキが落ちた地点の変位が一番大きく，次第に小さくなりながら周囲に伝わる（減衰する）が，ここでは，理想的に同じ大きさの変位が伝わっていくと考える。

改めて，理想的な波を図2.9に示すと，波の**波長** $\lambda$（ラムダ）とは波の山から山（あるいは谷から谷）までの距離のことで，**振幅** $A$ とは変位の半分（最大値）を表すものである。また，波の**速度** $v$ は波が1秒間に伝わる距離を表し，その距離の中に含まれる波長の数が**振動数** $f$（**周波数**）である。振動数の単位は回転数の単位と同じくHzである。そして，2.1節で述べたように，波の周期 $T$ は振動数 $f$ の逆数（$1/f$）であるが，これは1波長分の距離を波が伝わる時間である。$v, f, \lambda, T$ の間には，例えば

$$f = \frac{v}{\lambda}, \quad v = \frac{\lambda}{T} \quad (2.13)$$

などの関係がある。

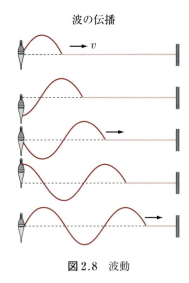

図 2.8　波動

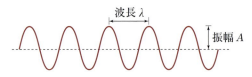

図 2.9　波の性質

波長 $\lambda$：山から山（谷から谷）の距離
振幅 $A$：変位の半分（最大値）
速度 $v$：1 秒間に進む距離
振動数 $f$（周波数）：1 秒間の波長の数
周期 $T = \dfrac{1}{f}$：$f$ の逆数で，山から山（谷から谷）までの時間

### 例題 2.5

振動数が 2 kHz で 340 m/s で伝わる波の周期と波長を求めよ。

〈解答〉　周期 $T$ は振動数 $f$ の逆数 $1/f$ であるから $T = 1/2000 = 5.0 \times 10^{-4}$ [s]，波長は (2.13) より $\lambda = v/f$ であるので，

$$\lambda = \frac{340}{2000} = 0.17 \, [\text{m}]$$

となる。

**練習問題 2.7**

周期 $5.0 \times 10^{-4}$ [s]，波長 75 cm の波の速度と振動数を求めよ。

ところで，波には空間を伝わらない**定常波**というものもある。これは図 2.10 のように両端に波の**節**の部分ができて，その外側には伝わっていかない波である。このような波は，ギターなどの弦楽器で音を発生させたときにみられたり，建物や地形の形状に応じて発生することもある。

なお，定常波は特定の振動数（波長）でしか発生しないのが特徴である。図 2.10 のような場合，$L$ の長さの弦が張られているとすれば，そこに立つ定常波の波長 $\lambda$ は $2L/1$, $2L/2$, $2L/3$, … であり，一般に $2L/n$（$n$：整数）で表される。

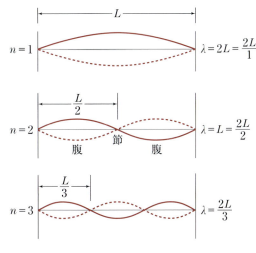

**図 2.10** 定常波

定常波と同じように物理量がとびとびの値をとって変化していくようなことは，第 5 章で学ぶ量子力学の世界ではよく起こることである。

次に，波の具体的な例，特に我々の生活に関係している音や，物質の中を伝わる波について述べる。波にはその伝わり方により，**横波**と**縦波**の 2 種類がある。これは波の進行方向を基準にした分類法である。

まず，横波とは進行方向に垂直な振動が伝わっていく波のことで，前述のウキの振動で周囲に伝わる波（図 2.8）は横波である。なお，光（第 4 章で述べる電磁波）は横波の最も重要な例である。

それに対して，縦波とは進行方向に平行な振動が伝わっていくような波である。図 2.11 は，バネの中の変位をより詳しく描いたものである。

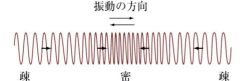

図 2.11 縦波

縦波は自然界のいたるところに存在するが、その中で最も重要なものは**音波**である。音波、すなわち音とは、空気の密度の違いが伝わっていくものである。図 2.12 はそれを模式的に表したものである。(a) は何も音が存在しない自然の状態での空気の密度を表しているが、(b) は空気の密度の変化が伝わっている様子を表している。このような波のことを、密度の違いが伝わるということで**疎密波**という。

疎と密の密度の違いが順番に伝わっていく波ということで、疎密波とよばれている。

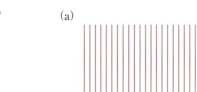

図 2.12 疎密波の例

疎密波は、急激な変位を媒質に与えることで部分的に密度の変化が起こって発生する。例えば、太鼓のような楽器を叩くことで皮が振動し、定常波が発生すると、周辺の空気は圧縮や膨張をさせられることになり、振動が発生するのである。すべての楽器の音は、基本的にはそれと似た仕組みで発生している。

音速は

$$v[\mathrm{m/s}] = 331.45 + 0.61T \quad (T は気温で、単位は [℃])$$

で表され、15℃ で約 340 m/s であることが知られている。音速 340 m/s を時速に直すと約 1225 km/h であるが、これを**マッハ 1** という。

音の振動数は、その高低を表し、人の耳に聞こえる音の振動数の範囲は 20 Hz〜20 kHz で、20 kHz 以上の音を**超音波**という。また、高い音は振動数が高く、低い音は振動数が低く、振動数の比が 2：1 になっている 2 つの音のことを**1 オクターブ**の高低差があるという。なお、音の大小とは、その音波の振幅の大小を意味する。

マッハは超音速の研究で有名なオーストリアの物理学者・哲学者である。音速を超える物体の速度を表すときには、彼の名からとった、マッハ 1、マッハ 2 のような表し方をする。

なお、ニュートンが考えた絶対時間・絶対空間に対するマッハの批判は、アインシュタインが特殊相対性理論を構築する際に影響を与えたともいわれている。

### 練習問題 2.8

気温 0℃ と 20℃ での音速を求めよ。

### 練習問題 2.9

音速を 340 m/s として，振動数 20 Hz と 2 kHz の音波の波長を求めよ。

疎密波は空気のような気体中に限らず，液体や固体の中も伝わる。すなわち，音波は液体や気体の中でも伝わる。気体や液体中では疎密波は縦波であるが，固体では横波の疎密波も発生する。身近な例は**地震波**である。地震の波には P (primary) **波** (wave) と S (secondary) **波**というのものが存在し，前者の方が速く伝わるが，P 波は縦波，S 波は横波である。これは地殻の構造には異方性（方向によって性質が異なること）があるために，その構造の違いが振動の発生に影響を与えるからである。

地震のときに，最初に来る小さな揺れが P 波であり，その後に来る大きな揺れが S 波である。

一般に，固体中では原子配列の異方性により，縦波と横波の疎密波が存在するが，このような波を**弾性波**という。固体の中の音速は，固体を構成する原子の配列（結晶格子という）に関する重要な情報を含んでおり，物理学の中でも大きな研究分野になっている。一般に，気体よりも液体，液体よりも固体の方が音速は速く，また硬い物質の方が音速は速い。

波の重要な性質には，重なりの性質というものもある。これは波

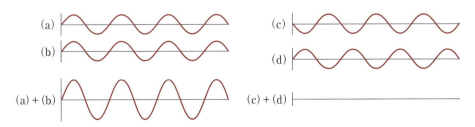

**図 2.13** 波の重ね合わせ

が重なることにより，振幅が変化する現象である．図 2.13 の (a) と (b) は同じ波であるが，(a) + (b) はそれが重なると振幅が 2 倍になることを表す．一方の図 2.13 の (c) と (d) は山と谷が逆になった波であるが，それらが重なると，(c) + (d) のように打ち消し合って消えてしまう．これらを波の**干渉**といい，水面に立つ波や光の干渉などでよく見られる現象である．

### 練習問題 2.10

> ある波長の波とそれの 2 倍の波長の波が重なったときの干渉の概略を図示せよ．ただし，両者の振幅は同じであるとする．

~~~ 参考 ~~~

空間を伝わる波の記述

空間を伝わっていく波を数式で記述する場合にも三角関数を用いる．図 2.14 (a) のように横軸を距離 $x$，縦軸を波の振幅 $f(x)$ にとり，ある瞬間の波を $x$ の関数として表す．$x$ が 1 波長である $\lambda$ だけ進むと 1 周期であるので，原点 ($x = 0$) で $f(x) = 0$ のときはサインを使い，

$$f(x) = A \sin \frac{2\pi}{\lambda} x \tag{2.14}$$

となる．原点が山の場合はコサインを使い，

$$f(x) = A \cos \frac{2\pi}{\lambda} x \tag{2.15}$$

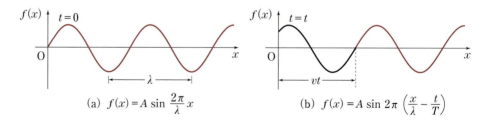

(a) $f(x) = A \sin \dfrac{2\pi}{\lambda} x$  (b) $f(x) = A \sin 2\pi \left( \dfrac{x}{\lambda} - \dfrac{t}{T} \right)$

**図 2.14** 波を表す式
(a) は $t = 0$ での波を表し，(b) はそれが右に速度 $v$ で $t$ 秒間動いたときの波を表している．

となる．

なお，原点はどこにとってもよいので，一般には

$$f(x) = A\sin\left(\frac{2\pi}{\lambda}x + \delta\right) \tag{2.16}$$

のように表される．ここで，三角関数の（　）の中を波の**位相**といい，特に$\delta$（デルタ）は時刻 0 のときの位相ということで，**初期位相**とよばれている．

次に，波が時間的に動くときの式を考えよう．この場合の波を表す関数は，位置の座標 $x$ のみならず，時間 $t$ の関数になる．一般に $x$ 軸上で関数 $f(x)$ を $a$ だけ平行移動するときには，$f(x-a)$ とおき直せばよいことを思い出せばよい（図 2.14 (b)）．空間を伝わっていく波の場合，時間を $t$，波の速度を $v$ とすれば，$t$ 秒後には波は $vt$ だけ移動しているので，$x$ を $x-vt$ とおきかえればよい．すなわち，

$$f(x) = A\sin\frac{2\pi}{\lambda}x \;\;\rightarrow\;\; f(x-vt) = A\sin\frac{2\pi}{\lambda}(x-vt) \tag{2.17}$$

となり，速度 $v$ と周波数 $f$ の関係 $v = \lambda f$，周期 $T = 1/f$ などを使えば，

$$f(x,t) = f(x-vt) = A\sin 2\pi\left(\frac{x}{\lambda} - ft\right) = A\sin 2\pi\left(\frac{x}{\lambda} - \frac{t}{T}\right) \tag{2.18}$$

のような式を得る．これが空間を伝わっていく波の式である．

# 第3章

# 熱力学

　我々は地球という環境の中で生存しているが，この環境も物理学の法則に従ってできているものである。本章では，我々の生活に関係の深い圧力や温度などが，どのような法則で結び付いているかについて述べる。

## 3.1　圧　力

　1.2節において，2つの物体が接触しているときには互いに力を及ぼし合うことを述べた。そのとき，力はある点（重心）に代表してはたらくとしたが，実際には，接触している部分の様子で，力のはたらき具合いはずいぶんと異なることがある。例えば，削った鉛筆の芯で手のひらを押すと，削っていない端面の場合より深くめり込むが，このようなときには，加わっている力をその接触面積で割算した量を考えれば，そのめり込む感覚を理解しやすい。このような力を**圧力**とよび，本節では，この圧力というものについて述べる。

　上で述べたように，圧力とは単位面積当たりの力のことを意味する（図3.1）。圧力の単位は，圧力＝力÷面積より，$N/m^2$ となる。また，これを Pa と書き，パスカル（フランスの物理学者，哲学者の名前）と読む。1Pa とは，1N の力が $1m^2$ に作用している状態を意味し，100Pa は 1hPa と書き，1ヘクトパスカルと読む。

　2つの物体が接触するときの圧力の大小は，互いの接触面積が把握しやすいために容易に想像できるが，気体や液体（流体という）

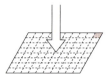

単位面積当たりの力＝圧力

接触面積が大きいので力が分散し，あまり痛くない。

接触面積が小さいので力が集中し，痛い。

図 3.1　圧力

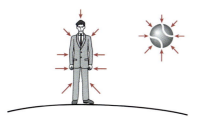
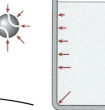

図 3.2 大気圧　　図 3.3 水槽の中の圧力

ではそれが把握しにくいために，受ける圧力もわかりにくい。流体は形を自由に変えられるので，ある方向に力が加わると，それ以外の方向にも力が伝わっていくからである。このような流体の圧力を**静水圧**という。

我々は地球上に住んでいるが，地球には重力があり，空気や水にも重さがある。そして，空気の重さによる圧力を**大気圧**，水の重さによる圧力を**水圧**という（図 3.2, 3.3）。

大気圧や水圧は深さによって変わる。大気圧は地上で一番大きく，高いところほど小さい。また，水圧は水深が深いほど大きい。そして，これらの圧力は互いの接触面に対して必ず垂直にはたらく。

具体的な圧力の値についてみてみよう。まず大気圧であるが，空気の密度は約 $1.29\,\text{kg/m}^3$ である。地上の大気圧とは，その上にある空気の重さの総和であるから，$1\,\text{m}^2$ の面積を押している空気の重さは約 $10329\,\text{kg/m}^2$ という大きな値になる。これに地球上での重力加速度である $9.8\,\text{m/s}^2$ を掛け算して力の単位 [N] に換算すると $101325\,\text{N/m}^2$ となり，これをパスカルの単位で表すと

$$101325\,[\text{N/m}^2] = 101325\,[\text{Pa}] = 1013.25\,[\text{hPa}] \quad (3.1)$$

となる。この値を **1 気圧**といい，圧力を定性的に表現するには，これを単位にしていうことが多い。

大気圧は地上付近では高度が $10\,\text{m}$ 上がるごとに約 $1\,\text{hPa}$ 減少していくが，ある高さ以上になると，この比例関係は成立しなくなる。これは，空気のような気体は，押されることによってその体積が変

大気圧や水圧も静水圧である。

$10329\,\text{kg}$ は，断面が $1\,\text{m}^2$ で，高さが $10\,\text{km}$ 分の空気の重さにほぼ匹敵する。

わるからである（このような性質をもつ流体を**圧縮性流体**という）。地上付近の空気の密度は，その上にある空気の重さに押されて大きくなっているが，上空になるほど空気が少なくなるため，その密度は薄くなるのである。

　ところで，なぜ我々はこのような大きな大気圧の中にいるのにそれを感じないのだろうか。その理由は，実感はできないが，同じ圧力で体の内側から空気を押し返しているからである。したがって，内部の圧力が小さい物体の場合には，堅い殻で覆っておかないと，大気圧でつぶれてしまうのである。

　次に，水のような液体の圧力を考えよう。液体は気体と異なり，圧力によって押されてもほとんど体積が変わらないので（このような性質をもつ流体を**非圧縮性流体**という），水圧は水の深さに比例して大きくなる。水の密度を $1000\,\mathrm{kg/m^3}$ とすると，深さ $1\,\mathrm{m}$ では $1000\,\mathrm{kg/m^2}$ の圧力を受けることになる。これは，およそ大気圧の $1/10$ である。したがって，深さ $100\,\mathrm{m}$ では $10$ 気圧，すなわち約 $1\,\mathrm{MPa}$（メガパスカル），数千 $\mathrm{m}$ の海底では数百気圧（数十 $\mathrm{Mpa}$）という大きな圧力となる。なお，水の中の圧力を考える場合には，水の上にある大気圧も考慮して加えなければいけない。

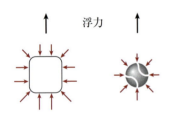

図3.4　浮力

　ところで，重力がある場合の流体中の圧力は深いほど大きくなるので，流体中に物体がある場合，その上下で圧力に差が生じることになり，物体が受ける合力は上向きとなる（図3.4）。これが**浮力**とよばれるものであり，浮力＝上下の圧力差×物体の断面積　となるが，上下の圧力差＝流体の密度×物体の高さ　であるので，

　　　浮力＝流体の密度×物体の高さ×物体の断面積
　　　　　＝流体の密度×物体の体積

となる。

　これが有名な，「流体中の物体は自分が押しのけた流体の重さの分だけ軽くなる」という**アルキメデスの原理**である。

### 例題 3.1

5kg の物体をヘリウムで膨らませた風船で持ち上げるには，ヘリウムは何 m³ 必要か。ただし，空気の密度は 1.29 kg/m³，ヘリウムの密度は 0.178 kg/m³ として計算せよ。また，重力加速度は 9.8 m/s² とし，風船の重さは無視するものとする。

〈解答〉 ヘリウムが $V\,[\mathrm{m}^3]$ 必要だとすると，それが押しのける空気の重さは，体積 $V$ に密度 1.29 を掛けた $1.29V\,[\mathrm{kg}]$ であり，これに重力加速度 9.8 を掛けた $1.29 \times 9.8V\,[\mathrm{N}]$ が浮力である。その分のヘリウムの重力は $0.178 \times 9.8V\,[\mathrm{N}]$ なので，

$$1.29 \times 9.8V - 0.178 \times 9.8V = 1.112 \times 9.8V > 5 \times 9.8$$

となれば，物体は持ち上がることになる。したがって，ヘリウムは

$$V > \frac{5 \times 9.8}{1.112 \times 9.8} \fallingdotseq 4.50\,[\mathrm{m}^3]$$

だけ必要となる。 ¶

> 質量 $m$，体積 $V$，密度 $\rho$ の間の関係を理解しよう。密度というのは，単位体積当たりの質量のことであるから，
> $$\rho = \frac{m}{V}$$
> となる。この関係さえ理解しておけば，上の関係式から，$m = \rho V$ や $V = \dfrac{m}{\rho}$ と表せることがわかるだろう。

## 3.2 気体の圧力と温度

前節で気体の体積は圧力によって変わると述べたが，これは図 3.5 (a) に示したような実験でもわかる。まず，シリンダーに空気を入れ，ピストンを押し込める状態にして水槽に漬ける。そして，その水を加熱してシリンダー内の空気の温度を上げられるようにする。ピストンを押し込む前は，シリンダー内は 1 気圧の状態にあるとする。ここで温度を一定にしてピストンを押し込むと，押し込めば押し込むほど，シリンダー内の圧力は高くなる。このときのシリンダー内の空気の体積 $V$ と圧力 $p$ は互いに反比例の関係（図 3.5 (b)）にあり，

$$pV = 一定 \tag{3.2}$$

という**ボイルの法則**が成り立つ。

ところで，同様のシリンダーに空気を閉じ込め，圧力を 1 気圧で

> 体積 $V$ と圧力 $p$ が互いに反比例ということは，例えば，$p$ を主語にすると，$p$ は $V$ が大きくなるほど小さくなるので，$p \propto V$ ではなく，$p \propto 1/V$ となる。よって，比例定数を $k$ とすれば，
> $$p = k\left(\frac{1}{V}\right)$$
> と表せて，
> $pV = k = 定数 = 一定$
> となる。

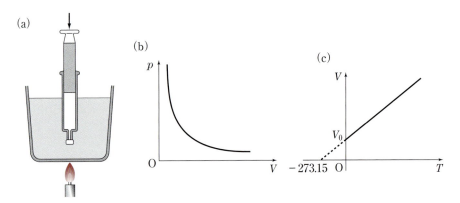

**図 3.5** ボイル-シャルルの法則
(a) 気体の圧力，温度変化の実験
(b) $p \propto 1/V$ のグラフ
(c) 気体の体積と温度目盛。本文の (3.3) は縦軸は $V_0$ を通り，横軸は $-273.15$ を通る。

* 摂氏 (℃, degree centigrade, Celsius) は，水の凝固点と沸点の間を 100 分割した目盛りをもつ温度単位。

一定にして，温度を高く（低く）すると，中の空気の体積が膨張（収縮）することが実験によって知られている。我々が日常使っている ℃（摂氏）という温度目盛り*で，この体積変化を観察すると，0℃のときの体積 $V_0$ を基準にして，1℃の温度上昇（降下）に対して，その体積は 1/273 倍ずつ膨張（収縮）する。すなわち，温度 $T[℃]$ のときの体積 $V$ は $T=0$ のときの体積を $V_0$ として

$$V = V_0\left(1 + \frac{T[℃]}{273.15}\right) = V_0 \frac{273.15 + T[℃]}{273.15} \quad (3.3)$$

と表され（図 3.5 (c)），この式は**シャルルの法則**として知られている。

液化とは，液体になること。固化とは，固体になること。

図からもわかるように，この式が成立するならば，$-273.15℃$ という温度を目指して気体は収縮し，このとき体積はゼロになるはずである。現実には，低温では気体は液化や固化が起こるのでそうはならないのであるが，$-273.15℃$ という温度は，仮想的に気体の体積がゼロになる温度といえる。すなわち，これは考えられる最低の温度である。そして，この温度をゼロ（基準）とした新たな温度 $T[K] = 273.15 + T[℃]$ を使うと，シャルルの法則は

$$V = V_0 \frac{273.15 + T[\text{℃}]}{273.15} = V_0 \frac{T[\text{K}]}{273.15} \quad (3.4)$$

のように簡単になり，気体の体積は $T[\text{K}]$ に比例する（図 3.5 (c)）。

この温度目盛りのことを**絶対温度**といい，K（ケルヴィン (Kelvin)，イギリスの物理学者の名前）という記号で表す。この温度目盛りでは，$T[\text{K}] = 0$ が最低温度となる。物理学の分野では，温度 $T$ の単位といえば絶対温度 K であることが一般的であり，本書でも，今後は $T$ と書いた場合には，絶対温度 K を表す。

ところで，圧力 $p$ が一定の下では，気体の体積はその気体の物質としての量（質量）に比例し，気体の質量を表すには**モル** (mol) という単位を使う。1 mol という量は，物質の分子量を g（グラム）で表したものに相当する。例えば，窒素 ($N_2$) 1 mol とは 14 g，酸素 ($O_2$) では 16 g，水素 ($H_2$) では 2 g である。

どのような気体でも 1 mol の体積は同じで，0℃，1 気圧において，その体積は 22.4 L（リットル）であり，モル数を $n$ とすれば，気体の体積 $V$ は $n$ に比例する。これを**アボガドロの法則**という。また，1 mol の中に含まれる分子数を**アボガドロ定数** $N_A$ といい，

$$N_A = 6.022 \times 10^{23} \, [\text{個/mol}]$$

である。

さて，圧力 $p$ が一定のときは (3.4) のように，体積 $V$ は温度 $T$ に比例する（$V \propto T$）。また，アボガドロの法則により，$V$ はモル数 $n$ にも比例する（$V \propto n$）ので，(3.2) は

$$pV = nRT \quad (3.5)$$

と表せる。ここで $R$ は比例定数で，**気体定数**とよばれるものである。具体的な値は次節で述べるが，(3.5) を理想気体の**状態方程式**といい，このような関係のことを**ボイル-シャルルの法則**という。

 物理学では，℃ よりも K を用いる方が一般的。

 華氏（℉, Fahrenheit）という温度単位も欧米では日常で根強く使われている。
$T[\text{℉}] = 1.8 T[\text{℃}] + 32$
の関係にある。人間の体温が 100 [℉] に近くなるようにつくられた単位である。

 一般に物体の質量の単位は kg を用いるが，気体の質量は mol を用いることが多い。

### 例題 3.2

0℃ の空気 10 m³ を 100℃ に加熱すると何 m³ になるか。また，このとき，空気の密度はどれだけ変化したことになるか。

〈解答〉 (3.3) のシャルルの法則

$$V = V_0\left(1 + \frac{T}{273.15}\right)$$

を使うと

$$V = 10\left(1 + \frac{100}{273.15}\right) = 13.7\,[\mathrm{m}^3]$$

となる。

また，密度は $10/13.7 = 0.730$ より，73.0％に減少したことになる。

¶

**練習問題 3.1**

気温 0℃の大気の中で球内が 100℃の熱気球をつくるとして，5kg の物体を持ち上げるにはどの程度の体積の熱気球となるか。ただし，0℃の空気の密度は $1.29\,\mathrm{kg/m}^3$ とせよ。

## 3.3　気体の分子の運動

　圧力や体積は温度とも密接に関係していることを述べたが，これらはさらに，物質を構成する分子（原子）の運動と最終的には結び付いている。本節では，温度や圧力，さらに熱について，特に微視的な視点から述べる。

　我々は，物質が**気体**，**液体**，**固体**の3つの状態をもつことを経験的にも知っている。水は $H_2O$ という化合物であるが，温度によって，気体である水蒸気，液体である水，そして固体である氷というように，3つの状態を移り変わる（図3.6）。このような状態の変化のことを**相転移**という。**相**というのは状態のことであり，気体，液体，固体のことを，それぞれ**気相**，**液相**，**固相**ともいう。

　図3.6のように，物質は微視的にみると，各状態ごとに分子の配列や運動の状態が異なっている。固体では分子は全体として一定の

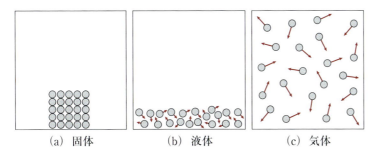

(a) 固体　　(b) 液体　　(c) 気体

**図 3.6**　物質の 3 状態

形に集合して結合しており，各位置で微小な振動をしているが，その位置を変えることはできない。また，液体では集合体を成してはいるが，その外形を変えることができて，分子も位置を変えることができる。そして，気体では分子は空間を自由に飛び回っているような状態になる。

　物質の温度を高くする，外部から熱を加えるということは，分子の運動エネルギーを増加させることを意味する。すなわち，熱とはエネルギーと同じ意味なのである（3.5 節を参照）。

　例えば，図 3.7 に水を加熱・冷却したときのグラフを描いてあるが，加熱して温度を上昇させていくと，100℃（沸点という）でしばらく留まる（グラフは一定になる）。その理由は，水を沸騰（蒸発）させるためには水の分子にさらにエネルギーを与えることが必要なためで，気体になるように，分子に運動エネルギー（以下，**熱量**とよぶ）を補給しているのである。この熱量のことを**気化熱**（逆の冷却

　止まっている物体であっても，その物体を構成している原子や分子は完全に静止することはなく，わずかに振動をしている。

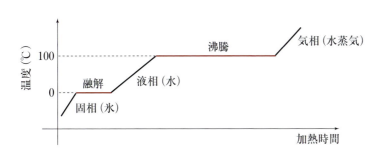

**図 3.7**　水の温度変化による相転移

の場合は**液化熱**）という。冷やす場合も同様で，0℃（凝固点）でしばらく凍らないままで温度は停滞する（グラフは一定になる）が，分子を凝集させて固体にするには熱量を取り去る必要がある。そして，固体になるときの熱量を**凝固熱**（逆の加熱の場合は**融解熱**）という。

　以上のように，物質に熱量を加える（奪う）ということは，分子に運動エネルギーを与える（取り去る）ということである。相転移のような変化には熱量の追加や削減が必要であり，これが融解熱や気化熱に相当する。また，温度が高い（低い）ということは，分子の運動エネルギーが大きい（小さい）ということであると考えてよい。実際，温度というものは気体の性質を基にして決められているのであり，以下では気体の性質について，より詳しく述べていこう。

　固体や液体に比べて，気体の分子は激しく動いているために，容器に入れて閉じ込めておかないとバラバラに飛び去ってしまう。つまり逆にいえば，容器の壁は常にそのような分子からの力を受けていることになる。また，圧力は重力によって発生するというように思われるかもしれないが，必ずしもそうではない。なぜなら，宇宙空間のように重力がないところで気体を容器に閉じ込めておいても，容器の壁は圧力を感じるからである。すなわち，容器に入れられた気体の原子や分子は，いつも運動していて壁を叩いているのである。これが気体の圧力の正体である。

　気体の温度，圧力，体積の関係は，**気体分子運動論**とよばれる図3.8に示したような考え方で説明される。

　いま，1辺の長さが $L$ の壁で囲まれた立方体の空間の中で，$N$ 個の粒子が平均速度 $v$ で運動しているとし（図3.8(a)），その速度の $x, y, z$ 各方向の速度成分を $v_x, v_y, v_z$ とすると，3平方の定理により，$v^2 = v_x^2 + v_y^2 + v_z^2$ が成り立つ。

　ここでは，$x$ 方向のみの運動を考えることにしよう（図3.8(b)）。質量 $m$ の分子が $x$ 方向に速度 $v_x$ で運動していて，それが壁に完全弾性衝突*をして跳ね返り，互いに向き合った2つの壁の間で往復運動をしているとする。このとき，粒子は1秒間に $v_x/2L$ 回往復し

---

＊ 無限に重く固い壁に固い球が衝突するとき，衝突の前後で運動エネルギーの損失がない場合のことをいう。この場合，球の速度は衝突前後で逆向きで，同じ大きさになる。

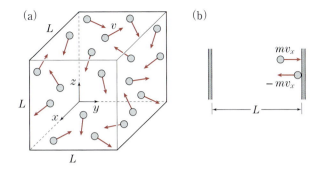

**図 3.8** 気体の分子の運動
(a) 気体の分子の運動
(b) 壁にぶつかる分子の力

て，壁は粒子から衝突の際に力を受けることになる。1 回の衝突における運動量の変化は $mv_x - (-mv_x) = 2mv_x$ となるので，単位時間当たり（1 秒間当たり）の運動量の変化は，これに往復の回数を掛けて

$$2mv_x \times \frac{v_x}{2L} = \frac{mv_x^2}{L} \tag{3.6}$$

となる。

　速度が $v_x$ ということは，1 秒間に $v_x$ の長さを進むということだから，その長さの中に $2L\,(=L+L)$ がどのくらい含まれているか，すなわち $v_x/2L$ が，粒子が 1 秒間に往復した回数を表すことになる。

　ところで，1.4 節で述べたように，単位時間当たりの運動量の変化とは力のことであるから，壁が 1 個の粒子から受ける力 $F$ は

$$F = \frac{mv_x^2}{L} \tag{3.7}$$

となる。

　いま，粒子の速度の分布が $x, y, z$ 方向で等方的（$v_x = v_y = v_z$）であるとすると $v_x^2 = v_y^2 = v_z^2$，すなわち $v^2 = v_x^2 + v_y^2 + v_z^2 = 3v_x^2$ となる。側面全体では $N$ 個の粒子から力を受けるとして，側面が受ける単位面積当たりの力（圧力）を $p$ と表すと，1 個の粒子が壁に及ぼす力 $F$ の $N$ 倍である $NF$ を側面の面積 $L^2$ で割り算したものが圧力 $p$ になるから，

$$p = \frac{NF}{L^2} = \frac{Nmv^2}{3L^3} \tag{3.8}$$

となる。ここで $L^3$ は立方体の体積であるから，$L^3 = V$ として，式を少し変形すると

$$pV = \frac{2}{3}\frac{Nmv^2}{2} = \frac{2}{3}E \qquad (3.9)$$

となる。

ここで $E = Nmv^2/2$ であるが，これは $E = N \times mv^2/2$ と書けばわかるように，$N$ 個の粒子の運動エネルギーに他ならない。これを圧力と体積，温度の関係である (3.5) のボイル–シャルルの法則 $pV = nRT$ と比較すると

$$pV = \frac{2}{3}\frac{Nmv^2}{2} = nRT \qquad (3.10)$$

となる。$n$ はモル数であるが，これをここまで使ってきた粒子数 $N$ とアボガドロ定数 $N_A$（1 mol 当たりの分子数）で表すと $n = N/N_A$ となるので，結局

$$\frac{1}{2}mv^2 = \frac{3}{2}\frac{R}{N_A}T = \frac{3}{2}k_B T \qquad (3.11)$$

となる。ここで $k_B = R/N_A$ を**ボルツマン定数**とよび，これは分子1個の運動エネルギーと絶対温度 $T$ を結び付ける重要な定数である。

これによって，温度が高い・低い，あるいは熱い・冷たいということを，分子の運動と結び付けて説明ができるようになったのである。

## 3.4　熱とエネルギーの単位

ここまでは式を導いてきただけで数値的な事柄をほとんど述べてこなかったが，本節では熱量の単位や気体定数などの具体的な値について述べる。

物体の温度を 1 K（1℃）上昇させるために必要な熱量のことを**熱容量**という。また，単位質量（1 g）の物体の温度を 1 K 上昇させるのに必要な熱量を**比熱***という。第1章で習った力学的な運動エネ

＊ 比熱を $C$ [J/g·K] とすれば，質量 $m$ [g] の物質を $T$ [K] 上昇させるためのエネルギー $Q$ [J] は $Q = mCT$ である。

ルギーの単位は ジュール [J] = [N・m] であったが，熱量を扱うときにも，この単位を用いる。

1 g の水の温度を 1 K（1℃）上昇させるのに必要なエネルギーは約 4.19 J であるので，水の比熱は 4.19 J/(g・K)（または 4.19 J/(g・℃)）と表す。比熱は物質により異なるため，同じ熱量を加えても，物質により温度の上昇の具合いは異なることになる。

### 例題 3.3

20℃の水 500 g を 100℃まで加熱するときに必要となる熱量を求めよ。

---

〈解答〉 温度の上昇は (100 − 20) = 80 [℃] であり，このとき，水 1 g 当たりでは 4.19 × 80 [J] の熱量が必要となる。水 500 g ではそれが 500 倍なので
$$4.19 \times 80 \times 500 = 1.676 \times 10^5 \,[\text{J}]$$
となる。　¶

熱量を表すのにカロリー [cal] という単位が使われることもある。1 cal とは，水 1 g の温度を 1 K 上昇させるのに必要な熱量である。したがって，カロリーという単位では水の比熱は，1 cal/(g・K) ということになり，ジュール [J] による表記よりもわかりやすい。化学や栄養学では，カロリーという単位は一般的に使われている。例えば，1 kg の水（1 L）の温度を 1 K 上昇させるには 1000 [cal] = 1 [kcal]（キロカロリー）が必要である。

ここで，カロリーとジュールの関係を整理すると，
$$1\,[\text{cal}] = 4.19\,[\text{J}] \quad \text{または} \quad 1\,[\text{J}] = 0.24\,[\text{cal}] \tag{3.12}$$
となるが，これは 19 世紀のイギリスの物理学者ジュールによって実験（次節の図 3.9）により決められたものであり，ジュールという用語はその名前に由来する。なお，仕事と熱の関係については次節

で改めて述べる。

> **練習問題 3.2**
>
> 日本人の成人が1日に必要な食事量は，カロリーの単位で熱量に換算すると約2000 kcal であるという。これは体重50 kg の人間が水50 kg と等価とすると，体温を何度上昇させる熱量になるか。

次に，3.2節で出てきた気体定数 $R$ の値を，カロリーやジュールの単位を用いて求めてみよう。

まず，(3.5) を書き直して $R = pV/nT$ としておく。1 mol の気体は1気圧，$T = 273.15 [\text{K}]$ (0℃) において，体積 $V = 22.4 [\text{L}]$ である。$n = 1$, $p = 1013.25 [\text{hPa}] = 1.01325 \times 10^5 [\text{N/m}^2]$, $T = 273.15 [\text{K}]$, $V = 22.4 \times 10^{-3} [\text{m}^3]$ として代入すると

$$R = \frac{pV}{nT} = \frac{1.01325 \times 10^5 \times 22.4 \times 10^{-3}}{1 \times 273.15}$$
$$= 8.31 [(\text{N} \cdot \text{m})/(\text{K} \cdot \text{mol})] = 8.31 [\text{J}/(\text{K} \cdot \text{mol})] \tag{3.13}$$

となる。ここで単位に N・m が現れるが，これはエネルギーの単位 J (ジュール) である。

また，(3.13) をカロリーの単位で表すと，$1 [\text{J}] = 0.24 [\text{cal}]$ を使って

$$R = 1.99 [\text{cal}/(\text{K} \cdot \text{mol})] \tag{3.14}$$

となる。

次に，ボルツマン定数 $k_\text{B}$ の値を求めてみると，これは (3.11) より $k_\text{B} = R/N_\text{A}$ であるから，気体定数をアボガドロ定数で割ることで与えられ，ジュールの単位では，

$$k_\text{B} = 1.38 \times 10^{-23} [\text{J/K}] \tag{3.15}$$

となる。これによって，分子のもつ運動エネルギー，すなわち分子の速度を見積もることができる。

### 例題 3.4

0℃での酸素分子 1 個の速度を求めよ。

〈解答〉 (3.11) より

$$\frac{1}{2}mv^2 = \frac{3}{2}\frac{R}{N_A}T = \frac{3}{2}k_B T, \quad \therefore \quad v^2 = \frac{3R}{mN_A}T$$

となる。

上式より $v = \sqrt{3RT/mN_A}$ となるが，$m$ は酸素分子 1 個の質量で，これとアボガドロ定数 $N_A$ を掛けたものは酸素の分子量 $32 \times 10^{-3}$ [kg] に他ならないので

$$v = \sqrt{\frac{3RT}{mN_A}} = \sqrt{\frac{3 \times 8.31 \times 273.15}{32 \times 10^{-3}}} \cong 461 \, [\text{m/s}]$$

となる。 ¶

### 練習問題 3.3

0℃での水素分子 1 個の速度，二酸化炭素の分子 1 個の速度を求めよ。

## 3.5 熱力学の法則

ここまで，温度や熱に関する基本事項について述べてきたが，このような分野は**熱力学**という体系にまとめられている。本書では，熱力学の体系には厳密には立ち入らずに，重要な用語や大まかな意味について述べる。その際，ここまでの本章の説明と同様に，気体や液体を中心にして話を進めることにするが，本来，熱力学は非常に一般的な学問であり，対象は何でもよい。

熱力学を考える際に最初に重要になるのは，**内部エネルギー**という概念である。気体の場合には，すでに (3.9) で示したものにほぼ相当するもののことであり，これは気体の分子がもっている運動エネルギーのことである。液体や固体では，原子や分子の運動エネル

ギー以外に分子や原子間にはたらく位置エネルギー等を加えなければいけない。このようなエネルギーは，物体の巨視的な動きである力学的エネルギーとは違って目に見えないので，内部エネルギーとよばれている。そして，この内部エネルギーの大小を表す尺度が絶対温度 $T$ なのである。これは気体の場合に (3.11) で示したとおりである。

　物質の温度を上げるということは，内部エネルギーを増加させるということである。そのためには，原子や分子の運動を活発にすればよい。その1つの方法に，外部から仕事をするということがある。

　例えば，2つの物体をすり合わせて摩擦で火を起こすということがあるが，これは接触面で原子や分子の運動を活発化させているのである。2つの物体が動くという仕事（力学的な運動エネルギー）が熱に変わり，その結果，内部エネルギーが変化するのである。

　厳密に仕事がすべて熱として内部エネルギーの増加に変わることを示したのが，図3.9のようなジュールの実験として知られているものである。これは，おもりを上下させるという仕掛けにより水を羽根車で揺さぶり，最終的に水の分子運動を活発にしているのであるが，水温の上昇による内部エネルギーの増加と加えた力学的エネルギーの関係を，実験によって 1 [cal] = 4.19 [J] と求めたのである。その際に重要なことは，外部からされた仕事はすべて熱に変わり，内部エネルギーの増加に使われることである。

　なお，逆に物体が外に向かって仕事をすると内部エネルギーが減少してその物体の温度が下がるということも知られているが，それは本節の例題3.5を参照されたい。要するに，仕事をしたりされたりすることで，物質の温度は上下するということである。

　ところで，物体の温度を上下させるには，熱いものや冷たいものに接触させるという方法もある（図3.10）。むしろ，こちらの方が親

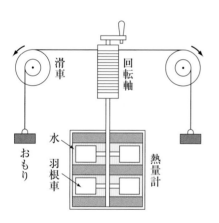

**図 3.9** ジュールの実験。おもりを下げたことによる力学的エネルギーと水温の上昇の関係を求めた。

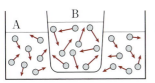

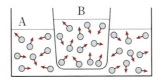

**図 3.10** 熱の移動

しみやすいであろう。温度が高い物体の分子運動は活発なので，温度が低い物体の接触部分の分子を揺さぶり，それが全体に伝わることで温度の低い物体の分子運動を活発にしていく。これは**熱伝導**といわれる現象である。もちろん，これは 2 つの温度の違う気体や液体を混ぜたり，温度が低い物体を火で熱しても同じである。

このように，仕事という巨視的な運動エネルギーを介さずに，微視的に原子や分子の運動エネルギーを伝えることで物質の温度を変えるとき，我々は熱が移動したといっている。この熱の移動で，最終的には内部エネルギーが変化するのである。その際に重要なことは，熱の移動は温度の高い方から低い方へしか起こりえないことである。これについては，本節の後半で述べることにする。

以上のように，物質の中に存在する内部エネルギーはいうまでもなく，物質になされる仕事や出入りする熱量は，すべてエネルギーである。そして，内部エネルギーの収支にはエネルギー保存則が成り立たなければならないが，それは次のように式で表現でき，これを**熱力学第 1 法則**という。

何もしなければ，例えば図 3.10 の熱の移動において，右から左への熱の移動 (変化) は起こりえない。

---

**熱力学第 1 法則**

$\Delta E$ を系の内部エネルギーの変化，$Q$ を系に出入りした熱量，$W$ を外部からされた仕事とすると

$$\Delta E = Q + W \qquad (3.16)$$

と表される。

これは，物質の内部エネルギーと熱や仕事は等価なものであり，移り変わることが可能であるということを示している．なお，注目している系に対して，外部から熱が入るときは $Q>0$，外部に出ていくときは $Q<0$，外部から仕事がされるときは $W>0$，外部に仕事をするときは $W<0$ である．

#### 例題 3.5

自転車などのタイヤに空気を入れると，空気穴の周辺が熱くなる．この理由を述べよ．

〈解答〉 空気を入れるということは，空気をピストンで押して圧縮することである．これはピストンで空気に力を加えながら動かしていることになるので，空気に対して仕事 $W$ をしたことになる．この操作を熱が出入りする時間よりも素早く行うと，(3.16) は $\Delta E \simeq W > 0$ となり，内部エネルギーが増加して温度は上がることになる．

このように，熱の出入りがない状態で何らかの操作を行うことを**断熱過程**というが，いまの場合は，特に**断熱圧縮**という．なお，空気が膨張する場合は仕事を外部に行うことなるので $W<0$ であり，系の温度は下がることになる．これを**断熱膨張**という．大気中で空気が上昇して気圧が下がり，その結果，空気が膨張して温度も下がって雲ができるのは，断熱膨張のためである．¶

#### 例題 3.6

80 ℃ の水 200 g と 20 ℃ の水 800 g（水の比熱は 4.19 J/(g・K)）を接触させたとき，最終的に水は何 [℃] になるか．ただし，熱は水以外には逃げないものとする．

〈解答〉 最終的に $x$ [℃]（$20<x<80$）になるとする．80 ℃ の水から逃げる熱量 [J] は $200 \times 4.19 \times (80-x)$，20 ℃ の水に流入する熱量は $800 \times 4.19 \times (x-20)$ であり，両者が等しくなければならない．したがって，$200 \times (80-x) = 800 \times (x-20)$ を解けば，$x=32$ [℃] となる．¶

### 練習問題 3.4

30℃の水 500 g の中に，80℃に熱した 1 kg の鉄球（比熱は 0.437 J/(g・K)）を入れたとき，最終的に水と鉄球の温度は何 [℃] になるか．

### 練習問題 3.5

50 m の落差がある滝がある．力学的なエネルギーの観点から，上下の水温差を評価せよ．

### 練習問題 3.6

水 500 g の中に，秒速 200 m で 10 g の弾丸を撃ち込んだところ，弾丸は水中で静止した．このとき，水の温度は何 [℃] 上昇するか．ただし，弾丸の熱容量は無視するものとする．

さて，熱力学第 1 法則を説明するに当たり，いくつか重要な原則があることを述べたが，その 1 つに，「熱の移動は温度が高い方から低い方へしか起こり得ない」というものがあった．これは言わば当たり前のことであるが，これを**熱力学第 2 法則**とよぶ．この法則にはいろいろな表現があるが，まずはクラウジウスによるものを示す．

> **熱力学第 2 法則（クラウジウスの原理）**
> 熱は温度が高い方から低い方へ自然に移動できるが，低い方から高い方へは自然には移動できない．

ここで "自然" という意味は，"特別な操作を何もしないで" という意味であるが，もっと厳密にいえば，"他から何もエネルギーの出入りがなく" ということである．

また，熱や仕事はエネルギーと等価であり，互いに移り変わることができると述べたが，練習問題 3.6 などでもわかるように，仕事

はすべて熱に変わることができた。それでは，逆に熱をすべて仕事に変えることはできるのだろうか。これは非常に大事な問題である。なぜなら，我々は多くの場合，直接的または間接的に熱機関とよばれる熱を仕事に変える道具を利用して生活しているからである。これに関しては，トムソンによる熱力学第2法則の別の表現がある。

> **熱力学第2法則（トムソンの原理）**
> 
> ある熱源から熱をとり出し，周囲に何の影響も与えずに，その熱のすべてを仕事に変えることはできない。

これは前述のクラウジウスの原理とは一見表現は違うが，同じことをいっているのである。それを証明するために，トムソンの原理を否定して，ある熱源から熱を取り出してすべて仕事に変えることができると仮定してみよう。そうすると，ある低温の熱源から熱を取り出して，周囲に何の影響もなく，それに相当する仕事を別の高温の熱源にすることができることになる。高温の熱源にされた仕事はすべて熱に変わり得るので，結局，低温から高温に熱が自然に流れたことになり，これはクラウジウスの原理に反することになる。

したがって，トムソンの原理が正しいならばクラウジウスの原理も正しいということになるのである。

これ以外にも，トムソンの原理を否定すれば奇妙なことが起こる。例えば，練習問題3.6のように弾丸が水中に打ち込まれて，水との摩擦で止まり，水の温度が上昇するような場合，上昇した分の熱を取り出して，その仕事により弾丸を逆向きに打ち出して別の水槽に打ち込むこともできるようになる。そして，このことを繰り返せば，エネルギー保存則には反せずに，永久に弾丸の往復運動ができることになる。このようなものを**第2種永久機関**とよぶが，未だに実現できていない。したがって，トムソンの原理は正しいと考えられているのである。

なお，熱力学第2法則を，第2種永久機関は存在しないと表現す

第1種永久機関とよばれるものもあるが，これは，外部から熱や仕事を受け取ることなく，外部に仕事をする機関のことで，熱力学第1法則に反した機関である。ちなみに，こちらも実現できていない。

る方法を**オストワルドの原理**という。

### 例題 3.7

クラウジウスの原理を否定すると，トムソンの原理も否定されることを示せ。

〈解答〉 クラウジウスの原理を否定して，低温から高温に自然に熱を移動できるとする。もし，これが可能であるならば，低温の熱源から周囲に何の影響も与えずに熱を取り出して，そのすべてを仕事に変えて高温の熱源にしたことになる。これはトムソンの原理も否定することになる。¶

### 練習問題 3.7

運動している物体が摩擦によって停止する現象は不可逆であることを証明せよ。なお，**不可逆**とは，その現象が自然には逆向きに起こらないことであり，**可逆**とは，その現象が自然に逆向きに起こることをいう。

さて，ここで**熱機関**について考えてみよう。普段私たちが使用している熱機関はすべてトムソンの原理に基づいて動いているが，その原理を少し言い直すと，「熱源から熱を取り出して仕事をするには，取り出した熱の一部を捨てなければいけない」ということになる。そのため，熱機関には必ず高温 $T_H$ と低温 $T_L$ の2つの熱源がある（図 3.11）。

例えば，水を沸騰させて出てきた水蒸気を使う熱機関では，以下の3段階を繰り返しているが，これを熱機関の**1サイクル**という。

(1) 高温熱源で水が熱せられて水蒸気となる（高温熱源から熱 $Q_H$ をもらう）
(2) 水蒸気がピストンやタービンを動かす（仕事 $W$ をする）
(3) 水蒸気が冷却され，水に戻る（低温熱源に熱 $Q_L$ を捨てる，$-Q_L$ をもらうと考えてもよい）

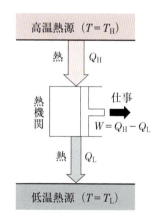

図 3.11　熱機関

1サイクルを終えたときの熱機関の内部エネルギー $\Delta E$, 熱量 $Q$, 外部からされた仕事 $W$ の関係を熱力学第1法則 $\Delta E = Q + W$ に当てはめて考える。1サイクルすると元の状態に戻るので内部エネルギーは変化がなく $\Delta E = 0$ であり，熱量の出入りの総計は $Q_H - Q_L$ である（$Q_H > Q_L$ とした）。したがって，第1法則は $0 = Q_H - Q_L + W$ となり，この熱機関は $W = -(Q_H - Q_L) < 0$，すなわち外部に仕事をしたことになる。

> ここでは，外部からされた仕事を $W(>0)$ としているので，$W<0$ ならば，外部に仕事をしたことになる。

熱機関としての性能は，取り込んだ熱量に対してどれだけの仕事をしたかという**熱効率** $\eta$（イータ）で決まり，

$$\eta = \frac{W}{Q_H} = \frac{Q_H - Q_L}{Q_H} = 1 - \frac{Q_L}{Q_H} \tag{3.17}$$

で求められる。

当然ながら，捨てる熱が小さいほど効率が良いことになるが，もしも熱を捨てない場合はどうなるだろうか。効率は100％であるが，それは取り込んだ熱をすべて仕事に変えたということになり，トムソンの原理を否定してしまうのであり得ないのである。

カルノーは理想気体の膨張・収縮を使って理想的な熱機関の熱効率を計算し，熱源の絶対温度を使って $\eta$ を表した。ここではその結果だけを示しておくが，それは $T_H$ と $T_L$ を高温熱源と低温熱源の絶対温度として，

$$\eta = 1 - \frac{T_L}{T_H} < 1 \tag{3.18}$$

となる。これを**カルノーの原理**という。これにより熱機関の最大効率が計算できるが，熱効率を大きくするには，$T_L$ を低く，$T_H$ を高くすればよいことがわかる。

以上のように，熱エネルギーは，そのすべてを仕事に変えられるわけではない。より進んだ熱力学では，物質のもつ内部エネルギーのうち，自由に仕事に変えられるエネルギーの部分を**自由エネルギー**とよんでいる。なお，その解説には，物質の状態を表す新たな量を導入することが必要となるため，本書では扱わないことにする。

### 練習問題 3.8

280℃の蒸気でタービンを動かすとき，冷却水が40℃の火力発電所の熱効率の最大値を求めよ。

## 3.6 微視的な視点から

熱の移動や気体の混合ということを微視的に考えてみよう（図3.12 (a)）。温度の異なる2つの物体を接触させる場合については，すでに前節で述べたが，しばらく置いておけば，両方の温度は均一になる。しかし，そのまま放置して，再び両方が最初の温度に戻ることはあり得ない。もちろん，同じ状態に戻そうと思えばできないことはないが，それには大仕掛けの装置を使って大変なエネルギーが必要であり，自然に戻ることはあり得ないのである。熱力学第2法則がいっているのはそういうことである。

これはAとBという種類の異なる気体を同じ温度と圧力で隔てておき，中央の壁を取り払うときでも同じである（図3.12 (b)）。しばらく置いておけば，自然に両方の気体は完全に混じり合う。混合した後も，気体分子運動論的には2種類の分子はバラバラに動いているので，非常に長い時間の間には，偶然に初めの状態に分離してもいいような気がするが，そういうことは起こらない。やはりこの場合にも，そのままでは元に戻ることは不可能である。もちろん，

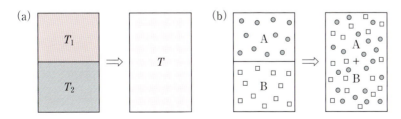

**図3.12** 不規則状態への変化
(a) 温度の異なる同種（同圧力）気体の混合（$T_1 > T > T_2$）
(b) 異種気体（同圧力）の混合

何らかの方法で気体を分離しようと思えばできないことはないが，この場合にも大仕掛けの装置を使って大変なエネルギーが必要になるのである。

以上のことは，自然現象が進むときには，何か共通の傾向があることを示唆している。図3.12 (a)，(b) のそれぞれの状態を，分子（原子）の運動の無秩序さ（乱雑さ）ということから考えてみよう。

まず図3.12 (b) では，右側の2つの異なる気体が混ざった状態は，最初の2つの状態に比べて無秩序な状態になったということは明確なことである。

一方，図3.12 (a) の状態を考える上では，分子（原子）の集団の温度は，それを構成する分子（原子）の運動エネルギーの平均値を反映しており，個々の分子の運動エネルギーは1つには決まっておらず，ある分布をしているということが重要になる。$T_1$ と $T_2$ という温度になるような運動エネルギーの分布をもった分子（原子）の集団が，その中間の $T$ という温度になるように分布が変わったということは，分子（原子）の数が多くなった分だけ，その分布の幅は拡がっているはずである。したがって，分子の運動の状態の乱雑さということから考えると，図3.13 (a) の右側の状態も，左側に比べると，無秩序な状態に移行したといえる。

したがって，これらの現象は，自然現象の進み方を微視的に見た場合，秩序状態から無秩序状態への移行ということが起こるということを示唆しているのである。物理学では，対象とする系の状態を表すのに，その系の分子や原子の運動や空間配置の，秩序・無秩序の程度（乱雑さの程度）を表すような量を考えて，それを**エントロピー**とよんでいる。エントロピーは，無秩序であるほど大きくなる量である。

自然現象は，何もしなければランダムな状態に向かって進んでいく。すなわち，エントロピーが大きくなる方向に向かって進んでいくのである。

図3.12からもわかるように，自然現象は，エントロピーが増大する方向に進むのである。これを**エントロピー増大の法則**という。

# 第 4 章

# 電磁気学

今日の我々は電気エネルギーなしに生活することはほとんどできない。本章では，電気と磁気の現象の基本になっている法則や，その応用の仕組みなどについて述べる。

## 4.1 電荷と物質

人類は昔から，磁石や摩擦した物体が引き合ったり反発したりする現象を経験的に知っていた。磁石の始まりは，いまから約 2000 年以上前，小アジアの Magnesia（マグネシア）で鉄を引き付ける石が発見された頃からだといわれている。

磁石（magnet，マグネット）の小片を水平にして自由に回転できるようにすると，地球の南北を指して止まる。このとき，地球の北を指す方を磁石の N 極，南を指す方を S 極という。そして，磁石の N 極同士，S 極同士は反発し，N 極と S 極は引き合う。磁石のような性質を磁気という。

N は North（北），S は South（南）が由来。

一方，電気の始まりは紀元前数百年頃で，その当時は，琥珀を擦ると物体を引き付けるという現象が知られていた。英語の Electric（電気）の語源は，琥珀を意味するギリシャ語（ηλεκτρον，エレクトロン）からきているという。電気には正（プラス）と負（マイナス）があり，同じ符号のもの同士は反発し，異符号のものは引き合う。

そのような現象が身の回りに存在し，何となくそれらは電気や磁気とよばれるようになったのであるが，それらがもつ性質を矛盾なく理解できるようになったのは，マクスウェルが電磁気学という分野を確立した 19 世紀の後期であり，それからまだ 150 年くらいしか経っていないのである。それまでは，電気や磁気は互いに全く別のものと考えられていたのである。

さて，電気や磁気といわれても，読者の多くはいま一つ掴みどころがないと感じるのではないかと思うが，それらが物質という舞台の上で初めて発生する現象であるということについては疑問がないのではないかと思う。まさにそのとおりで，物質の中に，電気や磁気に関わる現象の素になるようなものが含まれているのである。そこで本節では，物質の構造と電気や磁気に関連する基本事項について，ごく簡単に述べることにする。

この世の中に存在している物質の種類は，おそらく数百万という数にのぼると思われるが，これらは約100種の**原子**で構成されており，原子はさらに，**電子**，**陽子**，**中性子**などで構成されている。このうち，「電子が負の電気の素に，陽子が正の電気の素になっている」ことがわかっている。中性子は，陽子と同じ大きさであるが，電気はもっていない。

原子の構造は以下のようなものである（詳しくは第5章を参照）。

(1) 原子は，**原子核**とその周りをとり囲む電子からなる。

(2) 原子核は陽子と中性子が結合したもので，原子の種類によってそれらの数が異なり，陽子の数の電荷の分だけ正の電荷をもつ（陽子の数を**原子番号**ともいう）。

(3) 原子核の周りには電子が一定の規則をもって分布しているが，その数は原子核のもつ陽子の数と等しい。したがって，「原子は電気的に中性」である。

3.3節でも述べたように，我々が日頃扱っている物質（固体）は，そのような原子（一般には複数種類）が規則的に配列してできたものであり，それを**結晶**ともいう。電子の質量は陽子の約1/1852と非常に小さく，したがって，電子は陽子に比べてはるかに動きやすいという重要な性質をもつ。我々が物質の中で電気が流れる（電流）などといっているその正体は，実は電子の動き（流れ）のことである。

しかしその動きは，原子が配列して結晶ができるときに電子がど

電流は電子の流れのことであるが，歴史的な背景から，電子が流れる向きとは逆向きが，電流の向きと決められている。

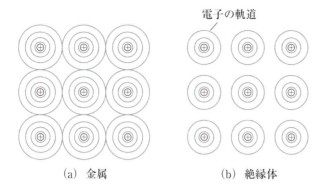

**図 4.1** 金属と絶縁体の構造

のように分布するかによって大きく異なる（図 4.1）。図 4.1 の (a)，(b) の黒丸は原子核を表し，電子はその周りの軌道（灰色の線の上）に存在する。

図 (a) では一番外側の電子は結晶をつくる各原子核と軌道を共有しており，結晶中を自由に動ける（一番外側の灰色の円は重なっている）。そのため，この電子を**自由電子**という。また，このような状態の物質は，電流が伝導する物質ということで**導体**とよばれている。銅や金などの金属は導体の例である。

それに対して，図 (b) では電子は原子核の周りに束縛されている。隣接の数個の原子の範囲内では電子が共有されていることもあるが，図 (a) の場合とは異なり，結晶全体を動ける自由電子は存在しない。このような状態にある物質を，電気を通さない物質ということで**絶縁体**とよぶ。我々の身の回りにある樹脂や陶器などが絶縁体の例である。

さて，結晶は本来，原子核のもつ正電荷と電子のもつ負電荷の総数が等しく，全体としては中性である。しかし結晶の中では，上記のように電子は各原子の外側の部分に固定されているとはいえ，元々軽くて動きやすいので，何かのはずみでそこからはがされることもある。例えば物質同士をこすり合わせると，電子の一部が表面ではぎとられて一方の物質に移動することがある。その結果，一方

の物体には負の電荷が，もう一方には正の電荷が多くなり，互いに引き合う。これが**摩擦電気**という現象である。

このように，電気を帯びることを**帯電**という。次節以後，電気をもったものとして**電荷**という言葉を用いるが，電荷というのは電子や陽子を適当な数だけ含み，全体として帯電している物体であると考えてほしい。

一方，磁気の起源は何かというと，これも物質の中の電子に関係しているのである。電子には負の電気の素以外に，**スピン**という重要な性質が付随している。これは，電子自身がとても小さい磁石というように考えてよい。物質のもつ磁気は，その物質を構成する原子が結晶として配列するときに，電子がどのように配置されるかということに関係しているのである。ただし，磁気は永久磁石*以外にも，19世紀以降に，電流とも関係していることがわかった。

そして，これらの電気，磁気，電流などの関係についてまとめられた分野が**電磁気学**である。

> \* 磁石は時間が経つとその磁気が弱くなるが，特別な工夫をすると，ほとんど永久にその磁気を保つことができる。我々が磁石とよんでいるものは，ほとんどが永久磁石のことである。

## 4.2　点電荷の間にはたらく力と電場

前節で述べた電荷というものに，どのような力がはたらくかを考えてみよう。その際，電荷の大きさは力学の場合の質点と同じく，面積や体積をもたない点と考えて，それを**点電荷**とよぶことにする。

まず，真空中に2つの点電荷 $Q_1$, $Q_2$ を置くと，異符号の電荷の間には**引力**が，同符号の電荷の間には**斥力**（**反発力**）がはたらく。

その様子を図4.2に示すと，2つの電荷の間の力は作用・反作用の関係になっており，電荷間にはたらく力の大きさを考えるには，まず電荷の単位を決める必要がある。

電荷の量を表すには**クーロン** [C] という単位が使われる。クーロン（Coulomb）は電荷の間にはたらく力を最初に測ったフランスの科学者であり，その力の大きさは**クーロンの法則**とよばれる，

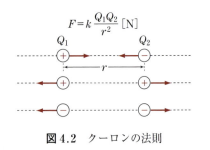

**図4.2**　クーロンの法則

$$F = k\frac{Q_1 Q_2}{r^2} [\text{N}] \qquad (4.1)$$

で表され，$k = 9.0 \times 10^9$ を比例定数として，2つの電荷の積に比例し，電荷間の距離 $r[\text{m}]$ の2乗に反比例する。したがって，電荷 $Q_1$, $Q_2$ をそれぞれ 1C として 1m 離して置いたときにはたらく力は $F = 9.0 \times 10^9 \times (1 \times 1)/1^2 = 9.0 \times 10^9 [\text{N}]$ ということになるが，これは相当大きな力である。1C という電荷の量は非常に大きな量なのである。

ここで，電子のもつ電荷（これを**素電荷** $e$ という）は，

$$e = -1.6 \times 10^{-19} [\text{C}]^* \qquad (4.2)$$

という小さな量になる。なお，陽子はこれと大きさ（絶対値）が同じで，正の電荷をもつ。(4.2) から，1C とは，電子や陽子が $10^{19}$ 個近く集まらないとできない電荷量であることがわかる。

電荷同士の間にはたらく力は，重力と同様に間に何もなくても作用する**遠隔力**である。しかし，電荷同士の間にはたらく力は引力だけでなく斥力もあるので，複数の電荷の間にはたらく力は，引力だけしかない重力に比べて極めて複雑である。そこで，それらを視覚的に表現するために，**電場**や**電気力線**という概念が導入されている。

図 4.2 のように電荷同士の間には必ず力がはたらくわけであるから，ある電荷が存在する周りの空間に別の電荷を置けば，必ず力を受けることになる。そのため，電荷の周りは特別な状態にあると考えて，これを**電場**とよんでいる。

図 4.3 にいくつかの例を示したが，電場は電気力線という矢印を付けた線で表す。矢印の向きはその場所に小さな正電荷（図中の黒丸）を置いたとき，それにはたらく力の向きであり，正電荷は，このような線に沿った方向に力を受けることになる。

図 (a) のように正電荷が 1 点にある場合は，電気力線は球対称に出ていき，図 (b) のように負電荷の場合は，電気力線は電荷に向かって吸い込まれる。また正と正，正と負の電荷がある場合は図 (c)，(d) のようになる。なお，電場の強さは電荷にはたらく力の大

\* 厳密には
$e = -1.602189 \times 10^{-19}$
であるが，本書では $-1.6 \times 10^{-19}$ とした。

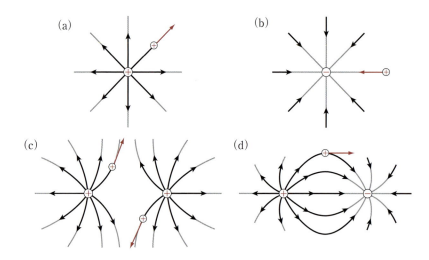

**図 4.3** 種々の電気力線。⊕は力がはたらくことを示すために置いた正電荷。

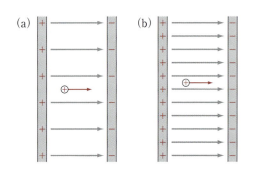

**図 4.4** 電荷分布の密度と電場

きさとし，電場の単位は [N/C] である。

電気力線で電場の強さを表すには，電気力線の混み具合い（密度）を変えて表す。図 4.4 は正負の電荷が分布した 2 つの金属板に挟まれた空間の電場であるが，金属板の面積が十分広いときは，その間の電場は板上の電荷の密度に比例した一定の値になることがわかっている。図 (a)，(b) では図 (b) の方が電荷の密度が大きいために電場も強いので，電気力線の密度が密に描かれている。

――――――― 参考 ―――――――

**電場と誘電率**

点電荷の式 (4.1) の場合を例として，電場の定義を与えておく。電場の強さは一般に $E$ で表し，

$$F = k\frac{Q_1 Q_2}{r^2} [\text{N}] = EQ_2 \tag{4.3}$$

のようにおいて，

$$E = k\frac{Q_1}{r^2} [\text{N/C}] \tag{4.4}$$

を，電荷 $Q_1$ から距離 $r$ の位置における電場とする．図 4.3 (a) のように電荷が球対称の場合には，電気力線の密度は球から離れるに従って表面積 $4\pi r^2$ に反比例して小さくなっていくが，これは (4.4) の電場の強さを表す式に合致しているのである．なお，複数の電荷がある場合は，(4.4) を重ね合わせたもの（1つ1つの電荷による電場を足し合わせたもの）が各場所での電場となる．

ところで，(4.1) で $k$ は比例定数であったが，この $k$ のことを $1/4\pi\varepsilon_0$ と書くことも多く，これを使えば (4.4) の電場は

$$E = \frac{Q_1}{4\pi\varepsilon_0 r^2} \, [\text{N/C}] \tag{4.5}$$

となり，この $\varepsilon_0$ を真空の誘電率といい，$\varepsilon_0 = 8.85 \times 10^{-12}$ である．なお，$4\pi$ は諸々の計算を簡単にするために導入された便宜上の係数である．

わざわざこのような形で式を書く理由は，電荷に力がはたらく場合，周囲の空間がどのような物質（媒質）で充たされているかでその力の大きさ（電場）が異なることを表すためであり，それを表す量が誘電率なのである．

誘電率の値は，物質により異なる．物質の誘電率 $\varepsilon$ を $\varepsilon = \varepsilon_0 \varepsilon_r$ と書いて，$\varepsilon_r$ のことを比誘電率といい，真空では $\varepsilon_r = 1$ である．物質の $\varepsilon_r$ は常に 1 より大きいので，電荷がある空間に物質が充たされれば，電荷の間にはたらく力は $1/\varepsilon_r$ だけ弱くなる．その結果，電場の強さも弱くなり，電気力線の密度は小さくなる．比誘電率の値の例を表 4.1 に示す．

表 4.1　物質の比誘電率（室温）

| 物質 | 比誘電率 |
| --- | --- |
| 空気 | 1.00059 |
| 紙 | 2.0 ~ 2.6 |
| ゴム | 2.0 ~ 3.5 |
| ダイヤモンド | 5.68 |
| チタン酸バリウム磁器 | ~ 2000 |

なお，図 4.4 の2つの金属板に挟まれた空間の電場は，板上の電荷密度を $\sigma\,[\text{C/m}^2]$ として，2つの金属板の間に比誘電率 $\varepsilon_r$ の媒質が充たされている場合には

$$E = \frac{\sigma}{\varepsilon_r \varepsilon_0} \tag{4.6}$$

となることが知られている．この空間に電荷 $q$ をおくと，$F = qE$ の力がはたらく．

### 練習問題 4.1

真空中に，$+1.0 \times 10^{-10}\,\text{C}$ の点電荷と $-1.0 \times 10^{-12}\,\text{C}$ の点電荷を 30 cm 離して置いたとき，両電荷にはたらく力を求めよ．

## 4.3 電池と電位

図4.4では金属板に電荷があるとしたが，この電荷はどのようにして集められたものだろうか．金属板を摩擦して摩擦電気として集めることもできるが，今日我々は電源という便利な道具をもっており，電荷を自由に供給できるようになった．電源には必ず正と負の電極があり，正の電極からは正電荷が出て負の電極に吸い込まれる．このような電荷の流れのことを**電流**という（4.5節で詳しく述べる）．しかし，電荷はいくらでも出てくるわけではなく，電源が電荷を送り出す能力は決まっている．

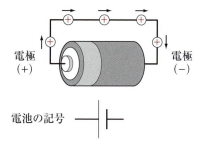

**図4.5** 電池と電荷の流れ

一番身近な電源は電池（図4.5）であるが，電池には，例えば1.5V（ボルト）というように**電圧**というものが表示されている．これは水道の蛇口を開いて指で押さえると感じる水圧と似ており，電池の正の電極から出て負の電極へ吸い込まれる電荷の流れの勢いを表す圧力のようなものと考えてよい*．ただし，電圧は力ではなくエネルギーの単位で表される．電池や電源は図4.5に示した記号で表す．

\* これは，負の電極から負の電荷が出て正の極に吸い込まれると考えても同じである．今日，我々の身の回りにある電源では，負電荷である電子が，負極から正極へ動いている．

以下では，この電圧についてもう少し詳しく述べることにする．図4.6は電池を2枚の向き合った十分広い金属板につないだ状態である．こうして電池をつなげば，その電極から電荷が送り出されて金属の平板電極上に分布することになる．

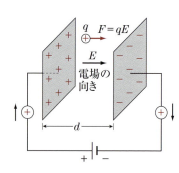

**図4.6** 極板間の電場と電位

この状態で，左側の正極側の板から$q$[C]の正電荷を右側の負極に移動させることを考える．いま，極板間の距離を$d$とし，その間には一様な電場$E$があるとすると，正電荷には右向きの力$F = qE$がはたらくので，距離$d$だけ動かすということは，電荷に$W = qE \times d$の仕事がなされ，電荷はその分のエネルギーをもらうことになる．逆に，右から左に移動させる場合は左向きの力を加えて移動しなければいけないので，同じ量のエネルギーを外部から加えることになる．これは第1章で学んだ重力による位置エネルギーと同じである．

重力 $mg$ がはたらいているときは，高さが $h$ だけ変化すれば，$mgh$ の位置エネルギーの変化があると考えた．いまの場合は，左の電極側，すなわち電池の正極は，負極に対して $qEd$ だけ高い位置エネルギーをもっているということである．特に，1C 当りの電気的な位置エネルギーのことを**電位**といい，その単位は [J/C] である．そして，正電荷は電位が高い方から低い方へ向かって流れる．

2 点の間の電位の差のことを**電位差**という．すなわち，電池の電圧 $V$ とは，正極と負極の間の電位差のことである．図 4.6 のような場合，電場 $E$ と電位差 $V$ の関係は上で述べた電位の定義から $W = 1 \times E \times d = V$ より

$$V = Ed \tag{4.7}$$

で与えられるが，電位差 $V$ が大きいということは，電荷を送り出す能力（**起電力**という用語を使う場合もある）が大きいということである．電位差 $V$ を使えば，図 4.6 のようにコンデンサーの両極間で電荷 $q$ を移動させるときの仕事 $W$ は，

$$W = qEd = qV \tag{4.8}$$

となる．

電池に限らず電源というものはすべて，電極である出力端子というものをもっているが，その両端は必ず電位差があるのである．電位を発生させる仕組みの詳細は他書を参考にしていただきたいが，電池の場合は金属イオンが溶液に融け出ることによって電荷が移動するという化学反応を利用しており，一般の電源では，電磁誘導の法則による発電機の原理が基になっている（4.8 節を参照）．

なお，(4.7) より電場は $E = V/d$ と書けるので，電圧が与えられているときは電場の単位として [V/m] を使うことも多い．

(4.3) で $Q_2$ を $q$ とすれば，$F = qE$ となり，仕事 $W$ は加えた（あるいは加わった）力 $F$ と移動距離の積で求めることができたから，

$$W = qE \times d$$

となる．

### 例題 4.1

電圧 1V を加えて電子を加速した．このとき，電子の運動エネルギー [J] を求めよ．

〈解答〉 電子の電荷は $e = -1.6 \times 10^{-19}$ [C] であるから，(4.8) より
$$W = qV = 1 \times 1.6 \times 10^{-19} = 1.6 \times 10^{-19} [\text{J}] = 1 [\text{eV}]$$
となる。なお，電子を 1V で加速したときに電子が得るエネルギーを 1eV (**エレクトロンボルト**) といい，これは物理学では非常によく使う単位である。 ¶

### 練習問題 4.2

電圧 100V を加えて電子を加速した。このとき，電子の運動エネルギーを求めよ。また，電子の速度はどのくらいになるか。ただし，電子の質量は $9.1 \times 10^{-31}$ kg とする。

---

**参考**

**電位を積分で表す**

電位とは，電場が存在しているある場所からある場所へ単位電荷を移動するために必要な仕事のことであるが，その際，電位は，(4.7) のような $V = Ed$ という掛け算になるとは限らない。これは 1.8 節で述べた万有引力の場合と同じである。

ある点 $r$ での電場を $E(r)$ として，点 a から点 b に移動するときに必要な仕事は

$$V = -\int_a^b E(r)\,dr \tag{4.9}$$

で与えられる。積分の前の負号は，電場に対してする仕事が正になるようにするためである。

なお，電位の基準点は，電場の影響がないような無限に遠い点（無限遠という）を選ぶのが一般的である。例えば (4.1) の点電荷の場合，

$$V = -\int_\infty^r \frac{Q_1}{4\pi\varepsilon_0 r^2}dr = \frac{Q_1}{4\pi\varepsilon_0 r} \tag{4.10}$$

が，点電荷 $Q_1$ から距離 $r$ だけ離れた点での電位となる。

> 力学のところで述べた位置エネルギーの式と同じ形をしている。つまり，電位も基準点からの位置エネルギーを表している。

## 4.4 コンデンサー

さて，図 4.6 ようように金属板を向かい合わせにした装置のことを**コンデンサー（蓄電器）**というが，本節ではコンデンサーについて述べる。図 4.7 はコンデンサーを真横からみた図である。コンデンサーの 2 枚の金属板のことを**極板**というが，この極板に電池をつなぐと，電荷が極板上に分布する。分布する電荷の量は，電池の電圧と，極板の面積や極板間の距離によって決まる。

電荷を供給した後，電池を切り離したとすると，極板上には電荷が残り，極板の間には一定の電場が存在することになる。ここでは，そこへ導体（金属）と絶縁体を挟むという操作をそれぞれ考えてみよう。

まず，図 4.7 (a) は導体を間に挟んだ場合である。導体内では自由電子が動けるために，正の極板側の金属の端面には全く同数の負電荷が引き寄せられて現れ，逆の端面ではその分の電子が不足しているために正電荷が現れる。このような現象を**静電誘導**という。導体からみれば，両極板上の電荷は静電誘導により遮蔽（覆い隠されること）されて，導体の中では電場というものは存在しないことになる。

次に，図 4.7 (b) のように導体を大きくして両極板に接触させてしまうと，両極板上の電荷は消えてしまう。一旦接触させると，その後で導体を小さくしても電荷は戻ってこない。これは導体の中の自由電子が移動することで両極板上の電荷を相殺したためである

> 導体とは，金属のように電流を通しやすい物体のことであり，絶縁体とは，その反対に電流を通さない物体のことである。

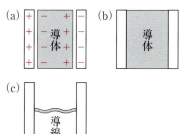

**図 4.7** 導体と静電誘導

が，一般にこのことを，正の極板から負の極板に電流が流れたといっている。もちろん，極板間をすべて導体で充たす必要はなく，図4.7(c)のように単に導体の線（導線）でつなぐだけでもよい。

次の図4.8(a)は絶縁体を挟んだ場合の様子である。導体の場合とは異なり，絶縁体の中では電子は拘束されており，外に出ていくことはできない。しかし，多少はその位置を変えることはできる。その結果，正の極板側の絶縁体の端面には，導体の場合よりは数は少ないが（図4.8では3つ），負電荷が引き寄せられて現れ，逆の端面は正電荷が現れる。

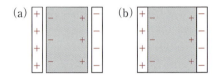

図4.8　誘電体と分極

このように，電場の中に絶縁体を置くと電気的に中性であったものが正負の極をもった状態に変わる現象を，**誘電分極**という。絶縁体では必ず誘電分極が起こるので，絶縁体のことを**誘電体**とよぶのが物理学や電気工学の分野では慣例となっている。

誘電体が導体と決定的に異なることは，図4.8(b)のように両極板に接触させても，極板上の電荷が流れて消えることがないことである。そして，誘電体を抜けば，もちろん誘電体を挿入する前の初期の状態に戻る。ただし，誘電体の中の電場は，誘電分極（両端に現れる電荷の量で，**分極電荷**という）による電荷に遮蔽されて，導体のように完全にはゼロにならないが弱くなる*。どの程度に弱くなるかという尺度を表すのが，前節で述べた物質の比誘電率 $\varepsilon_r$ という量であり，$\varepsilon_r$ がわかれば誘電分極の大きさがわかることになる。

＊　図4.8の場合には電極上の電荷は4個，分極電荷は3個であるので，誘電体の中からみると電極上には4－3＝1個の電荷があるようにみえる。

**例題4.2**

図4.8の場合の誘電体の比誘電率を求めよ。

〈解答〉 誘電体がないときには極板上の 4 個の電荷により電場がつくられていたが，3 個の分極電荷が出現して遮蔽されるので，$4-3=1$ 個の電荷によって電場がつくられると考えればよい。すなわち，電場の強さは 1/4 になる。(4.6) のように，電場を表す式では誘電率は分母に入っており，電場の強さが 1/4 になることは誘電率が 4 倍になることを意味するので，比誘電率は 4 である。

なお，極板間の電位差 $V$ は，誘電体がないときに比べると 1/4 になることに注意されたい。なぜなら，$V = Ed$ であるからである。 ¶

### 練習問題 4.3

図 4.8 の場合について，コンデンサーに誘電体を挟んだときに，電池がコンデンサーの極板につながったままであったら，極板上の電荷と分極電荷はどうなるだろうか。

#### 参考

**コンデンサーの電気容量**

コンデンサーは正負の電荷が分布した金属板を向き合わせて配置しているので，この状態を維持しておけば，そこに安定的に電荷を蓄えておくことができる。そのため，コンデンサーは**蓄電器**ともよばれる。

蓄えられる電荷量をコンデンサーの**容量** $C$ (Capacity) という。電圧 $V$ の電池をつないだときに，極板上に溜まる総電荷量を $Q\,[\mathrm{C}]$ とすると，

$$Q = CV \tag{4.11}$$

の関係が成り立ち，これが容量 $C$ の定義である。

蓄えられる電荷量は電圧 $V$ に比例し，極板の面積 $S$ が広いほど，そして極板間の距離が狭いほど正負電荷が強く引き合うために，電荷が溜まりやすくなる。また，練習問題 4.3 から，コンデンサーに蓄えられる電荷量は極板間の誘電率に比例することがわかる。これらを考慮すると，電気容量 $C$ の表式は

$$C = \varepsilon_0 \varepsilon_r \frac{S}{d} \tag{4.12}$$

と表されることが知られている。

## 4.5 電流と電気抵抗

さて，図 4.7 (c) に戻ると，電極を導線で結べば電流が流れるといったが，この場合に電池をつないだままにしたらどうなるかを考えてみよう。

電池がつながっていないと極板上の電荷は瞬時になくなるが，つながっていると電池から電荷が次々と押し出されて流れ続けることになる。ただし，流れ続けるといっても，電池の中で電位差を生み出すような化学反応の寿命が尽きてしまうと止まってしまうことになる。もちろん電池以外の電源で，ほとんど永遠に電位差を発生して電荷を送り出せるようなものもある。ここでは，電源から安定に電荷が送り出されてくると仮定して，電流について考えてみよう。

まず，電荷の流れ，すなわち電流の大きさの定義をしておく（図 4.9 (a)）。電流の大きさは通常は $I$ で表し，単位は [A]（アンペア (Ampere) と読む）である。1A とは，1C の電気量が 1s（秒）間に流れたときのことをいい，その単位は [C/s] である。したがって，電荷が連続して一定の速度で流れているならば，その速度と電流の大きさは比例する。なお，1A の電流というのは，電子の個数に換算すると $10^{19}$ 個近くという膨大な量になる。

また，電流は正の電荷の流れとして定義されるが，実際の電子の流れの向きは逆であることに注意しておかなければならない。電流

> 充電式の電池は，充電時に，この化学反応の逆の反応が生じることで，そのパワーが復活する仕組みになっている。

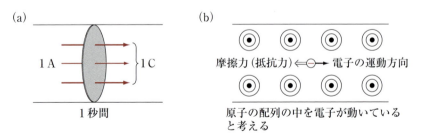

図 4.9　電流と電気抵抗
　(a) 電流の定義
　(b) 電子の流れに対する摩擦

のもとになる電荷を運ぶもののことを**電荷担体**などということもあるが，これは正負どちらのものを考えても議論の筋道は同じである。

さて，電池を導線につなぐと，導線の中の電荷は加速されてどんどん速くなっていくように思えるが，実際にはそうはならない。なぜなら，真空中とは異なり，電荷が導線の中を動く場合，導線をつくっている金属の結晶構造や形状により，その運動が妨げられるからである。したがって，電圧によって電荷は加速されて速度を増すが，導線の中ではその速度に比例した摩擦力のようなもの（抵抗）がはたらき，ある速度まで到達すると，それ以上は速くなれずに一定の速度に落ち着き（図 4.9 (b)），それに応じて，電流も一定の値で流れ続けることになる。

金属を構成している原子は振動しているので，この振動によって電子の動きは妨げられて摩擦力の原因となる。

そして，電流が一定になるとはいえ，そこまでの範囲においては，電圧 $V$ が大きくなるに従って電荷の速度も速くなるので，電流 $I$ も大きくなり，$V$ と $I$ の間には

$$V = RI \tag{4.13}$$

という比例関係が成り立つ。この比例定数 $R$ のことを**電気抵抗**といい，この式を**オームの法則**という。また，電気抵抗 $R$ の単位は $[\Omega]$（オーム（Ohm））で，オームの法則の式は，

$$R = \frac{V}{I} \quad \text{あるいは} \quad I = \frac{V}{R} \tag{4.14}$$

と書くこともある。

### 例題 4.3

$50\,\Omega$ の抵抗に $10\,\mathrm{A}$ の電流が流れているとき，何 $[\mathrm{V}]$ の電圧が印加*されているか。

＊ 印加とは，「与える」や「かける」の意味である。

〈解答〉 $V = RI$ より，$V = 50 \times 10 = 500\,[\mathrm{V}]$ となる。　¶

### 練習問題 4.4

$50\,\Omega$ の抵抗に電圧 $100\,\mathrm{V}$ を印加したとき，流れる電流は何 $[\mathrm{A}]$ か。

> **練習問題 4.5**
>
> ある抵抗に 100 V の電圧を印加したら 5 A の電流が流れたとき，この抵抗は何 [Ω] か。

ところで，電流が抵抗を流れるときにはエネルギーの損失が起こっているのであるが，この損失量は，以下のように考えれば計算できる。

電圧 $V$ の区間を $q$ [C] の電荷が通過したときに電荷がされる仕事は，(4.8) より $qV$ [J] である。いま，電流 $I$ が $q$ [C] の電荷をもった $N$ 個の粒子であるとして，それが 1 秒間に電圧 $V$ の区間を通過したとすれば，そのときに電荷がされる仕事 $W$ は $NqV$ [J] となり，また $I = Nq$ [C/s] であるので，

$$P = VI \,[\text{J/s}] \tag{4.15}$$

が導かれる*。これだけの仕事をされているにもかかわらず，電流は一定の値で流れ続けているので，電荷担体の運動エネルギーは増加しないことになる。すなわち，この分のエネルギー損失（抵抗の発熱）が導線の中で，1 秒間に起こっていることになる。

このエネルギー損失は熱として外に放出されることになり，これを**ジュール熱**という。ジュール熱は 1 秒間当たりの発熱量のことであり，オームの法則を使えば，

$$P = RI^2 = \frac{V^2}{R} \,[\text{W}] \tag{4.16}$$

と表せる。

電気抵抗の大きさは導線の形状や金属の種類によって異なり，導線の断面積 $S$ が小さいほど，また長さ $l$ が長いほど，電流は流れにくくなる（図 4.10）。すなわち，電気抵抗 $R$ は断面積 $S$ に反比例し，長さ $l$ に比例するので，比例定数を $\rho$ （ロー）として

$$R = \frac{\rho l}{S} \,[\Omega] \tag{4.17}$$

\* $P$ のことを**電力**といい，単位には [J/s] の代わりにワット [W] を使うことが多い。これは単位時間当たりの仕事を表す。

**図 4.10** 電気抵抗と導体の外形

のように表し，この $\rho\,[\Omega\mathrm{m}]$ のことを **抵抗率** という。

表 4.2 に金属の電気抵抗率の値を示す。電気抵抗率が小さい金属は電流を流すときのエネルギー損失が少ないので，送電線の材料などに用いられ，一方，適度に抵抗率が大きいものはジュール熱の発生で熱くなるので，ヒータとして利用でき，輝くほど熱くすれば，光源として使うこともできる。

**表 4.2** 金属の電気抵抗率

| 金 属 | 電気抵抗率 $[\Omega\mathrm{m}]$ |
|---|---|
| 銀 | $1.49 \times 10^{-8}$ |
| 銅 | $1.55 \times 10^{-8}$ |
| アルミニウム | $2.41 \times 10^{-8}$ |
| 鉄 | $8.71 \times 10^{-8}$ |
| ニクロム線 | $\sim 108 \times 10^{-8}$ |

### 例題 4.4

ある抵抗に 100 V の電圧を印加したら，5 A の電流が流れた。このときの消費電力は何 [W] か。

〈解答〉 (4.15) の $P = VI$ より，$P = 100 \times 5 = 500\,[\mathrm{W}]$ となる。

### 練習問題 4.6

$50\,\Omega$ の抵抗に 10 A の電流が流れている。このときの消費電力は何 [W] か。

### 練習問題 4.7

$50\,\Omega$ の抵抗に電圧 100 V を印加した。このときの消費電力は何 [W] か。

## 参考

### 回路の要素としての電池・コンデンサー・抵抗

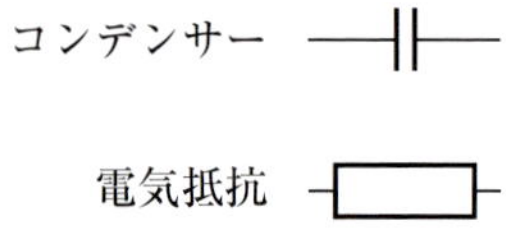

電池などの電源とコンデンサーや抵抗をつないだときに電流が流れる経路のことを **回路** とよび，電気抵抗などを図 4.11 のような記号で表す。

電圧 $V$ の電池に図 4.12 (a) のような複数の抵抗 $R_i$ が直列に接続されている場合（**直列接続**）には，各抵抗には同じ大きさの電流 $I$ が流れるので，各抵抗の両端の電圧は $V_i = R_i I$ となる。これは，電流を押し出す電圧が抵抗を通るたびに降下することを意味する。また，回路の全抵抗を $R$ とすれば $V = RI = \sum_i R_i I$ となり，

$$R = R_1 + R_2 + \cdots = \sum_i R_i \tag{4.18}$$

となる。

一方，電圧 $V$ の電池に図 4.12 (b) のような複数の抵抗 $R_i$ が並列に接続されている場合（**並列接続**）には，すべての抵抗の両端の電圧は $V$ となり，各抵抗を流れる電流 $I_i$ は $I_i = V/R_i$ となる。全電流 $I$ と各電流 $I_i$ は $I = \sum_i I_i$ の関係があるので $I = V/R = \sum_i V/R_i$ となり

$$\frac{1}{R} = \frac{1}{R_1} + \frac{1}{R_2} + \cdots = \sum_i \frac{1}{R_i} \tag{4.19}$$

となる。

**図 4.11** 回路の記号

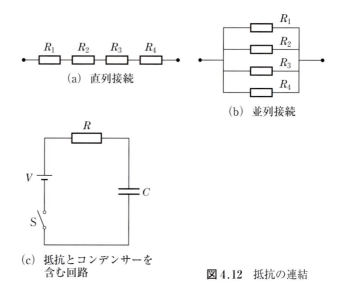

(a) 直列接続

(b) 並列接続

(c) 抵抗とコンデンサーを含む回路

**図 4.12** 抵抗の連結

図 4.12 (c) はコンデンサーを含む回路である。スイッチを入れると電流が流れてコンデンサーが充電されるが，このときの電圧 $V$，流れる電流 $I$，コンデンサーの容量 $C$，そこに蓄えられる電荷 $Q$ の関係は

$$V = RI + \frac{Q}{C}$$

となる。なお，$I$ や $Q$ は時間の関数となるので，上の式は微分方程式

$$V = R\frac{dQ}{dt} + \frac{Q}{C}$$

で表されることになる。

## 4.6　電流と磁場

磁石の N 極と S 極は引き合い，N 極と N 極，S 極と S 極は互いに反発し合うことはよく知られている。図 4.13 (a) のように，大きな磁石の周りで小さな磁石（磁針ということにする）を動かして各場所に作用している力をつないでいくと，電気力線と同じような線が描ける。磁針にはたらく力の強さは，線の密度を変えて表現し，磁針の N 極が向く方向を矢印の正の向きとして，これを**磁力線**（**磁気力線**ともいう）とよんでいる。そして，磁石の周辺の空間は，磁力線で表されるような特別の状態にあると考え，これを**磁場**とよぶ。

ところで，図 4.13 (b) のように直線状の長い導線に電流 $I$ が流れている周辺で同じように磁針を動かすと，図のように輪になって閉

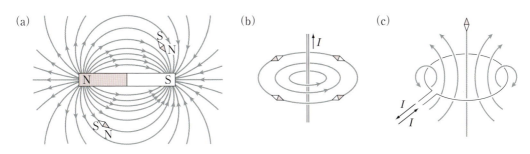

図 4.13　磁場とは

じているような磁力線が描かれる。このことから，電流の周りにも磁場があることがわかる。磁針にはたらく力の大きさは，電流が大きいほど，また磁針が電流に近いほど強くなる。また，電流の向きと磁力線の向きには関係があり，電流の方向は，磁力線の向きに右ネジを回したときにネジが進む方向と一致している。これを**右ネジの法則**という。

では，円状（コイル）の電流（円電流）の場合の磁力線はどうなるだろうか。それを描いたのが図 4.13 (c) であるが，磁力線は円を貫いて閉じるようになる。磁針の向きから判断すると，この図の場合はコイルの上部は N 極に，下部は S 極になっていると考えてよい。図 4.14 に改めて示しておいたが，電流の向きとどの面が N 極や S 極になるかは，右ネジの法則を使ってすぐにわかるようになってほしい。

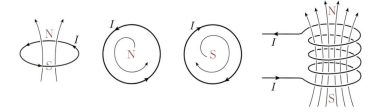

図 4.14　円電流と磁極の関係

円電流がいくつも重なったもの（**ソレノイド**という）では，磁力線の本数が多くなる（図 4.14）。また，その両端も N 極または S 極になっているのである。これが**電磁石**とよばれるものである。なお，磁石では正負の「電荷」のように，N 極や S 極に対応した独立の「磁荷」というものは存在しない。

このように，電流によって磁場は生み出される。磁場を定量的に表すには，磁石の強さを使って表すよりも，その磁場を生み出す電流の大きさによって表すことの方が一般的である。そのようなときにも磁力線と同じような線を用いるが，その線のことを**磁束**（**磁束**

「電荷」は存在するが，「磁荷」は存在しない。正確には，これまで誰も見つけていないというべきかもしれない。

線)，単位面積当たりの磁束の本数のことを**磁束密度**とよび，一般に $B$ で表す。

図 4.13 (b) のような直線電流 $I$ の周りでは，磁束も磁力線と同様に輪になっているベクトル量であるが，その大きさだけを考えることにすると，真空中で $I$ から距離 $r$ だけ離れた位置の磁束密度は

$$B = \frac{\mu_0 I}{2\pi r} \qquad (4.20)$$

で与えられる。ここで $\mu_0$ は**真空の透磁率**とよばれ，その値は $\mu_0 = 4\pi \times 10^{-7}$ であるが，周辺に物質が充たされれば，その値も変わることになる。また，物質の透磁率 $\mu$ は $\mu = \mu_0 \mu_r$ のように書き，$\mu_r$ のことを**比透磁率**という。

なお，磁束密度の単位は [T] と書いてテスラ (Tesla) と読むが，これについては次の節でも述べる。

磁束密度 $B$ の値は，電流が大きいほど，また電流に近いほど大きくなるので，磁力線の場合と対応している。(4.20) を**アンペールの法則**というが，これも右ネジの法則ということがある。

ちなみに，図 4.13 (c) のような半径 $r$ の円電流 $I$ の中心の磁束密度は $B = \mu_0 I/2r$ となり，図 4.14 の一番右の図のようなソレノイドの内部では，ソレノイドの単位長さ当たりの巻き数を $n$ として $B = \mu_0 n I$ となる。透磁率の大きさはその媒質に依存するので，導線を巻いて電磁石をつくる場合は，芯にする物質の透磁率の大きさによって，その電磁石の強さも変わってくる。

**練習問題 4.8**

図のように電流 $I$ が流れているとき，磁束の向きを描き入れよ。

> **練習問題 4.9**
>
> 非常に長い直線状導線に 5A の電流が流れているとき，そこから 2cm 離れた場所の磁束密度を求めよ．

## 4.7 磁場の中の電流にはたらく力

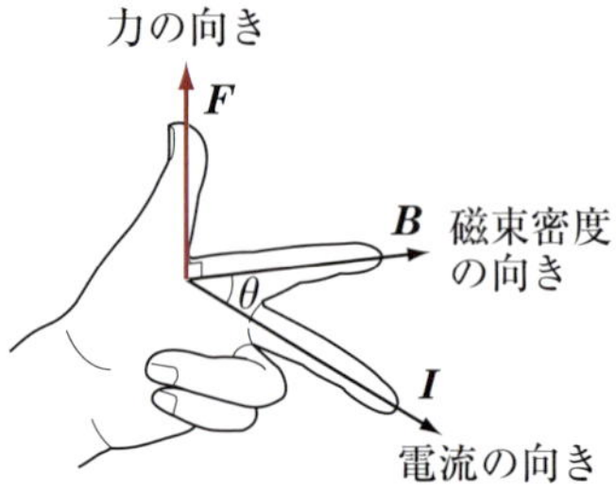

電流と磁場の関係には，**フレミングの左手の法則**として知られている重要な現象がある．これは，磁束密度 $B$ に垂直な方向へある電流 $I$ が流れるならば，その電流には単位長さ当たり，

$$F = IB\,[\text{N}] \tag{4.21}$$

図 4.15 フレミングの左手の法則

の力がはたらくというものである．$F, I, B$ の互いの方向は，図 4.15 に示したような左手の関係になる．なお，上式は，磁束密度 $B$ を実験的に定義する式でもある．

磁束密度 $B$ の単位は $[\text{T}]$ であったが，$B$ が存在しているところで導線に 1A の電流を流したとき，その導線 1m 当たりに 1N の力がはたらくならば，そこでの $B$ は 1T ということになる．したがって，$1\,[\text{T}] = 1\,[\text{N/Am}]$ である．なお，磁束密度の単位には，$[\text{G}]$（ガウス（Gauss））を使うこともあり，$1\,[\text{T}] = 10^4\,[\text{G}]$ である．

ところで，(4.21) の $B$ が図 4.13 (b) の直線電流 $I$ の磁束密度であったとして，電流 $I$ から距離 $r$ のところに電流 $I_1$ が流れているとしよう．そうすると，(4.21) は

$$F = \frac{\mu_0 I I_1}{2\pi r} \tag{4.22}$$

となり，$\mu_0 = 4\pi \times 10^{-7}$ であるので，この式は

$$F = 2 \times 10^{-7} \frac{I I_1}{r} \tag{4.23}$$

となる．この式は，距離 $r$ だけ離れた 2 つの電流 $I$ と $I_1$ の間には力

がはたらくことを表している。力のはたらく方向は電流が同じ方向の場合は引力であり，逆方向の場合は反発力となる。

なお，この式は電流の大きさを定義するためにも使われ，同じ大きさの電流を 1m 離して流したときに，その間にはたらく力が $2 \times 10^{-7}$ N のとき，その電流の大きさを 1A と定義する。

#### 例題 4.5

距離 10cm だけ離れた 2 本の直線状導線に 5A と 10A の電流が同方向に流れているとき，2 つの電流の間にはたらく力を求めよ。

〈解答〉 (4.23) に $I = 5$ [A], $I_1 = 10$ [A], $r = 10 \times 10^{-2}$ [m] を代入すると

$$F = 2 \times 10^{-7} \frac{II_1}{r} = 2 \times 10^{-7} \frac{5 \times 10}{10 \times 10^{-2}} = 1 \times 10^{-4} \, [\text{N}]$$

となり，電流の向きが同じになるので引力である。　¶

#### 練習問題 4.10

図のように磁場の中を電流が流れているとき，電流にはたらく力の向きを描いてみよ。

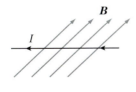 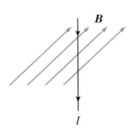

## 4.8　電磁誘導

電流の周りには磁場，すなわち磁束があることを述べてきたが，本節では，磁束が時間的に変化したときにどのような現象が起こるかについて述べる。

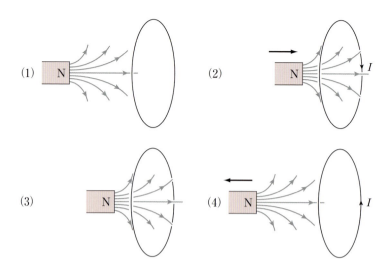

図 4.16　磁束の変化による誘導電流

　図 4.16 は，磁石を 1 巻のコイルに出し入れするときの様子である。(1) から (2) は磁石をコイルに近づけるように動かした場合であるが，このときコイルには電流が流れる。そして，コイルに近づけた後，磁石の動きを止めると，電流も止まる。(3) から (4) は磁石をコイルから引き出している場合であるが，(1) から (2) とは逆向きに電流が流れる。また，流れる電流は磁石の動きが速ければ速いほど大きくなる。

　コイルに誘起される電流の向きに関して重要なことは，その電流がつくる磁束の向きは，これから起ころうとする磁束の変化を常に打ち消す向きになっているということである。すなわち，磁石を近づけて右向きの磁束がコイルに入ろうとすると，それを打ち消すように左向きの磁束が発生するように電流が流れるのである。そして，磁石を抜く場合には右向きの磁束が消えようとするが，その右向きの磁束を保持する（磁束が発生する）ように電流が流れるのである。このような磁束の変化により電流が誘導される現象は，ファラデーによって 19 世紀前半に発見され，**ファラデーの電磁誘導の法則**とよばれている。

　電磁誘導の現象を要約すると，

「コイルの中で磁束が変化するとき，コイルにはその変化を防げるような方向に，磁束の変化率に比例した電流が流れる」

ということになる．次に，これを式で表現してみよう．

いま，コイルに右向きの磁束を発生させる電流の向きを正とする（図 4.16 のコイルの右端面から見て反時計回り）．$\Delta t$ 秒間の磁束の変化を $\Delta\phi$ とすると，変化率は $\Delta\phi/\Delta t$ で与えられるので，$\Delta\phi$ の符号と電流の向きを考え合わせると，比例の関係式

$$I \propto -\frac{\Delta\phi}{\Delta t} \quad (4.24)$$

が成り立つ．

ここで，電流 $I$ はコイルに発生する起電力（電位差，電圧）$V$ により流れていると考える．そうすると，コイルの電気抵抗を $R$ とすれば，オームの法則より $V = RI$ であるので，(4.24) は $V \propto -\Delta\phi/\Delta t$ とも表せるが，現在我々が使用している磁束 $\phi$ や電圧 $V$ の単位では，この関係式の比例定数が 1 となるようにできており，

$$V = -\frac{\Delta\phi}{\Delta t} \quad (4.25)$$

と書けるのである．

すなわち，コイルを貫く磁束が時間的に変動すれば，そのコイルにはその磁束の変動を妨げる方向に起電力が発生する．これが電磁誘導を表す最も重要な式である．

電磁誘導の法則の応用範囲は広い．例えば，磁石を連続的にコイルに近づけたり遠ざけたりすると，コイルには交互に向きを変えて電流が流れるが（これを**交流電流**という），これが**交流発電機**の原理である．1 回巻のコイルではなくソレノイドにすると，得られる起電力は大きくなる（図 4.17）．$n$ 回巻きのソレノイドで磁束の変化が起こるとき，その起電力は 1 回巻の $n$ 倍になって $V = -n\Delta\phi/\Delta t$ になる．なお，これは動かす方を磁石からコイルに変えても同じ結果になることに注意してほしい．

> ここでの $V$ は磁束が時間的に変化しているときにだけ発生するものであり，4.3 節で出てきた電位差のように，正負の電荷分布により発生するものとは異なったものであることに注意しなければならない．

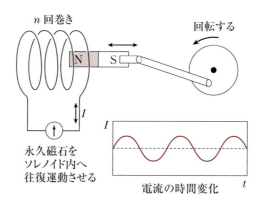

図4.17 交流発電機の原理

### 例題 4.6

1回巻きのコイルに $5\,\mathrm{Wb}^*$ の磁束が貫いている。この磁束を $0.01$ 秒間でゼロとしたとき、コイルには何 $[\mathrm{V}]$ の電圧が発生するか。

〈解答〉 (4.25) より，

$$V = -\frac{\varDelta \varPhi}{\varDelta t} = -\frac{5-0}{0-0.01} = 500\,[\mathrm{V}]$$

となる。 ¶

\* 磁束密度の単位には，$[\mathrm{T}]$ 以外に $[\mathrm{Wb/m^2}]$ というものもある。$[\mathrm{Wb}]$ はウェーバという。磁束の本数を数えるときには $[\mathrm{Wb}]$ を使うこともある。$1\,[\mathrm{Wb}] = 1\,[\mathrm{Tm^2}]$ である。

### 練習問題 4.11

図のように磁石が動くとき、コイルに流れる電流の向きを描いてみよ。

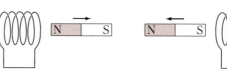

― 参 考 ―

**電圧と磁束の次元関係**

電磁気学で使われる単位は歴史的な理由で様々な決め方をされてきたため、物理量の次元がみえにくく、式 (4.25) でも電圧 $V$ と磁束 $\phi$ の次元の関係はわかりにくい。これを簡単に解説しておく。

磁束 $\phi$ とは磁束密度 $B$ に面積を掛けた量である。$B$ の単位はテスラ [T] であるが [T] = [N/Am] であるので，$\phi$ の単位は [N/Am] × [m$^2$] = [Nm/A] である。ここでアンペア [A] の単位は電荷量（クーロン [C] で表す）/秒であるので [C/s] であり，$\phi$ の単位は [Nm/(C/s)] = [Nms/C] = [Js/C] = [Vs] となる。したがって，$\Delta\phi/\Delta t$ の単位は [Vs/s] = [V]，すなわち電圧そのものになるのである。

> 長さ・質量・時間などの基本量や，その組合せからなる量を次元といい，それぞれの次元を表すものが単位である。
>
> 例えば，「長さ」は次元であり，[m（メートル）] は単位である。

## 4.9 電磁波

前節では，電流の周りには磁場ができ，同心円状の磁束が取り囲む形となることを述べた。(4.19) の磁束密度は $B = \mu_0 I/2\pi r$ であり，電流 $I$ に依存する。もし $I$ が時間的に変化すれば，周りの磁束も変化することになる。$I$ が時間的に交互に向きを変える振動をするような電流，すなわち交流であるならば，周りの磁束も回転する向きが時間的に反転しているはずである。図 4.18 はその様子を示したもので，矢印を両方向に向けて描いてあるのは，交互に向きを変えているということを表すためである。

いま，図のように，電流からやや離れた位置に，磁束が貫くようにコイル（赤）が置かれているとしよう。磁束は向きを変えて変動しているのであるから，当然，電磁誘導の法則に従ってコイルには電流が流れるはずである。その電流も，もちろん交互に向きを変え

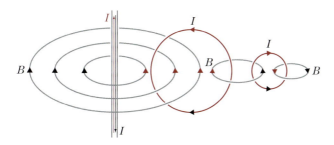

図 4.18　電磁波の発生の仕組み

ているので,変動する磁束を周りにつくり出すことになる。こうして同じことを繰り返していけば,最初の電流の振動は次々と伝わっていくことになる。

　ここで,前節でも述べたように,コイルに流れる電流は,コイルに発生する起電力により流れていると考えるのである。これはコイルに沿ってリング状の電場があると考えてもよい。この電場は正電荷から負電荷へ向いた一定の電場ではなく,磁束の変動に連動して右回り・左回りと方向を変えているような電場である。このように,導線はなくても,空間での電場の変動を伝える役割をするものを**変位電流**とよんでいる。これは電磁気学を今日の体系にまとめたイギリスの物理学者マクスウェルが導入した概念である。

　こうして磁場と電場は,図 4.19 (a) に模式的に示したように,鎖交しながら空間を伝わっていくのである。これ以後の詳細は本書の範囲を超えるので省くが,マクスウェルの理論によれば,電場と磁場は図 4.19 (b) に示したような**横波**の波動として空間を伝わっていくことがわかっている（この図では,ある 1 つの方向に伝わって

> 横波（あるいは縦波）の性質については,第 2 章の波動のところで述べた。

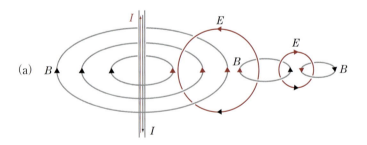

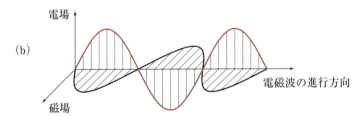

図 4.19　電磁波
　(a) 変動する電場と磁場
　(b) 波としての電場と磁場

いく電場と磁場の強さのみを描いてある）。この波動のことを**電磁波**とよぶ。

電磁波の源は，図 4.19 (a) に描かれている，最初の電流の時間変動（振動）にある。電流とは電荷の流れであり，それが時間的に一定であれば周辺に静的な磁場をつくるだけであるが，電流の流れが時間的に変動したときに，周辺の磁場や電場も変動する。その変動が周辺に伝わっていくのが電磁波である。

電流が時間変動するということは，電荷に力が加わって，加速度運動が起こることであるから，電磁波は電荷を加速することによって発生するといえる。加速するときに何か人為的な信号をそこにのせてやれば，それが空間を伝わることになるが，これが**無線通信**の原理である。

電磁波は波動であるので独自の振動数と速度をもち，その振動数は，電荷が最初に揺さぶられたときの振動数で決まる。マクスウェルの理論では，真空中の電磁波の速度 $c\,[\mathrm{m/s}]$ は誘電率 $\varepsilon_0$ と透磁率 $\mu_0$ を使って，

$$c = \frac{1}{\sqrt{\varepsilon_0 \mu_0}} = 3.0 \times 10^8\,[\mathrm{m/s}]^* \tag{4.26}$$

となり，これは光速に一致する。

実は，光も振動数の非常に高い電磁波なのである。電磁波は電場や磁場の変動が伝わっているので，伝わっている場所に電荷（磁石でもよい）を置いておくと力が加わり，揺さぶられて運動エネルギーが与えられる。すなわち，電磁波はエネルギーの流れでもある。

---

\* 厳密には
 $c = 2.997924 \times 10^8\,[\mathrm{m/s}]$
であるが，本書では
 $c = 3.0 \times 10^8\,[\mathrm{m/s}]$
とする。

第 5 章

# 現代物理学

　本章では，主に 20 世紀以後に成立した物理学の概念や，現代社会の中で，特に物理学に関係して技術の進歩の基礎になっているような事柄について述べる。

## 5.1　今日の物理学の状況

　前章までで，物理学の基本となる分野（物理的なモノの見方や考え方の基本）ともいえる**力学・熱力学・電磁気学**の大枠について述べた。これ以外にも，光の屈折や反射などを扱う**幾何光学**や，本書でも述べた気体分子運動論などを出発点とした**統計力学**という分野もある。これら 5 つの分野は 19 世紀末までにほぼ完成したもので，**古典物理学**などとよばれている。そして，20 世紀になると，**相対性理論**，**量子力学**という 2 つの新しい分野が加わり，これらは**現代物理学**とよばれている。したがって，今日の物理学には，大まかにいって 7 つの基本的な分野があることになる。

　物理学者の中には，これらの基本的な分野の未解決の問題を考えたり，新たな解釈を考えたりする人たちもいるが，多くの人たちは 7 つの分野の中で完成した手法を道具として使い，自らの研究対象を調べている。研究対象によって，宇宙の根源を探る**宇宙物理学**，物質の根源を探る**素粒子・原子核物理学**，私たちの身の回りにある物質の性質を探る**物性物理学**などに分けられる。

　以上が今日の物理学の状況であるが，物理学の考え方は，それ以外の学問分野の基礎にもなっている。古典物理学はすべての工学分野の前提となる基礎知識であり，量子力学や相対性理論の考え方は先端科学技術分野の必須の知識であるのみならず，人文社会科学における哲学的な思索においても不可欠なものとなっている。それら

の詳細について述べることは本書の範囲では不可能であるが，本章では，その中から重要ないくつかの項目について，やや断片的にはなるが紹介することにする。

## 5.2 電磁波と光の発生

第 4 章で，電荷を振動させると電磁波が発生することを述べた。振動数を変えれば，それぞれの振動数に応じた電磁波が発生するが，それによって電磁波の性質も異なり，振動数または波長によって様々な名称が付いている。

表 5.1 に，様々な電磁波の一覧を示した。光は非常に高い振動数をもった電磁波であることも述べたが，一般に 1 THz ($10^{12}$ Hz) より高い振動数の電磁波のことを**光**といい，それ以下を**電磁波**あるいは単に**電波**という。また，目に見える光を**可視光**といい，赤から紫の方向にいくに従って振動数が高くなる（すなわち，波長が短くなる）。さらに，それより振動数の高い光は**放射線**とよばれている。

振動数の低い電磁波は，導線の中や真空にしたチューブの中で人為的に電流や電荷を振動的に動かすことで発生できる。そのときの電磁波の強度（電場や磁場の強度）は，正弦波のように変化してい

表 5.1 電磁波の一覧

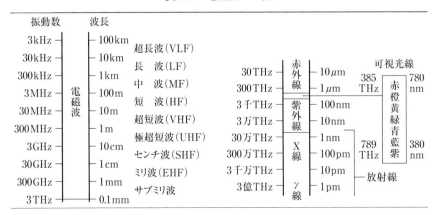

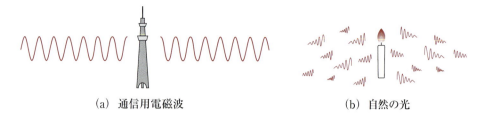

(a) 通信用電磁波　　　　　　(b) 自然の光

図5.1　電磁波と光

ると考えてよい（図5.1(a)）。表5.1にあるラジオやテレビなどに使われているMFからUHFなどの電磁波は，このように時間的にも空間的にも山と谷が連続的につながって進行しているものである。

　しかし，電荷を人為的に振動させてこのような波を発信させることは，振動数が高くなるにつれて難しくなってくる。表5.1のミリ波以上の領域でも，そのような電磁波を発信させるのには高度な技術的工夫が必要である。

　光も電磁波と同じく，電荷が動くことによって起こると考えてよい。しかし，光の場合は電荷を非常に速く振動させなければいけないので，導線の中などでは不可能である。そのため，自然界における光の発生は，原子や分子の中の電荷の移動によって起こっている。

　一般に，光を発する光源は温度が高い。例えば，物質を燃やすと熱くなり，光源になる。それは酸化という化学反応が起こっているからであるが，そこでは原子や分子が衝突したり合体したりしている。そのときには，原子や分子の中の電子も刺激されて，実質的には電流が流れたのと同じ効果をもたらすのである。ただし，その結果として放出される電磁波（光）は，図5.1(a)のような連続的なサイン波とは異なって，図5.1(b)のような不規則に細切れになった波になり，その振動数もあらゆるものを含んでいる（連続スペクトルをもった光という）。また，光源の温度が高くなるほど，多くの振動数の光が含まれるようになる。

　その一番の例は，太陽や恒星などの光であり，その振動数の分布は連続的であり，非常に高い振動数の光，すなわち表5.1に示した

ロウソクの光や太陽の光などの自然の光は様々な波長の光を含んでいるため，波長の広い範囲にわたってとぎれることなく連続的に分布している。これを，連続スペクトルという。

放射線の領域のものも含んでいる。太陽からの光の発信のもとになっている電荷の運動は，もちろん非常に速いが，放射線領域の光の発生は単に電荷の動きが速いということでは説明できず，その発生には，5.3節や5.4節で述べる量子力学的な事柄が関係している。

なお，ある1種類の原子からなる気体などの集団から出る光は，やはり細切れになった状態は同じであるが，その振動数は何種類かに限られている。特別な工夫をすると，図5.1 (a) のような波の形をした，特定の振動数の光だけを選んで発信させることができる（これを**単色光**という）。これが**レーザー**とよばれているものであり，そのような光のことを**コヒーレントな光**という。

コヒーレントとは，複数の波が互いに干渉し合う性質をもつことを表す言葉で，振幅と位相の間に一定の関係があることを意味している。図5.1 (b) のような細切れの波は，1つ1つはサイン波であるが，その位相や振幅には何の関係もないのでコヒーレントな波ではない。

### 例題 5.1

光速 $c = 3.0 \times 10^8 \,[\text{m/s}] = 30\,\text{万}\,[\text{km/s}]$ として，周波数 1200 Hz の波の波長を求めよ。

〈解答〉 2.3節の (2.13) より，

$$\lambda = \frac{c}{\nu} = \frac{3 \times 10^8}{1200} = 2.5 \times 10^5 \,[\text{m}] = 250 \,[\text{km}]$$

となる。 ¶

### 練習問題 5.1

周波数 200 MHz の波の波長を求めよ。

### 練習問題 5.2

可視光の波長は，赤，緑，青がそれぞれ 650 nm，530 nm，450 nm 付近である。対応する振動数をそれぞれ求めよ。

## 5.3 光の粒子性・波動性と量子力学の誕生

19世紀の末に，プランク（ドイツの物理学者）は，物体を熱する

ときの温度と，そのときに出てくる光の強度（エネルギー）と波長との関係を説明するための式を数学的に考察する過程において，光はエネルギーをもった粒子であると考えた方が都合がよいと提案した。そして，振動数が $\nu$（ニュー）である光の粒子のエネルギーは

$$E = h\nu \qquad (5.1)$$

と表されることを示した。この $h$ のことを**プランク定数**とよび，$h = 6.63 \times 10^{-34}$ [J/s] である。

彼は，光のエネルギーは，このような光の粒子のエネルギーの整数倍，すなわち $h\nu$ を単位として，その整数倍 $nh\nu$（$n$ は整数）のように**不連続**に変わる（これを**離散的**に変わるともいう）ことを示した。それまでは，エネルギーのような量は連続的に変わると考えられていたので，これは非常に革新的な考え方であった。そして，光が粒子であるという考え方は，すぐにアインシュタインによる**光電効果**とよばれる現象の解釈で実証され，それが**量子力学**という学問の出発点となったのである。

光電効果（図 5.2）とは，金属に光を照射すると金属の表面から電子が飛び出す現象である。しかし，ある振動数以上（ある波長以下）の光を照射しない限り，光の強度をどんなに増しても，電子が飛び出すことはない。これに対して，アインシュタインは，電子を金属から弾き出すにはある値以上のエネルギー（これを**仕事関数**という）が必要であり，それは光を $h\nu$ のエネルギーをもつ粒子と見なして，その粒子が金属中の電子と衝突することで与えられると考えたのである。

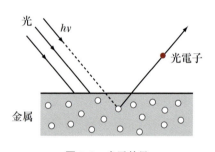

**図 5.2** 光電効果

つまり，仕事関数以上のエネルギーを与えない限り，照射する光の強度をいくら大きくしても，光電効果は起こらない。仕事関数を $\phi$ とすれば，飛び出してくる電子の運動エネルギーは $mv^2/2 = h\nu - \phi$ である。

$h\nu$ が仕事関数以下の場合は，光の強度 $nh\nu$ の $n$ がいかに大きくても，電子は金属の外に飛び出すことができない。そして，$h\nu$ を仕事関数以上にすると，初めて電子は飛び出してくる。このとき，$n$ を大きくすると，飛び出してくる電子の数を増やすことはできるが，電子の運動エネルギーを増やすことはできない。振動数をさらに大きくして光の粒子のエネルギー $h\nu$ を大きくすることでのみ，飛び

出してくる電子の運動エネルギーを増やすことができる。アインシュタインのこのような解釈により，光の**粒子性**が確立したのである。今日，光の粒子のことを**光量子**（**光子**ともいい，英語で**フォトン**（photon））とよんでいる。

以上のように光は，空間を伝わるときは波の性質（**波動性**）を，物質に作用するときには粒子としての性質（粒子性）を示し，粒子性は特に振動数が大きいときに顕著に現れる。

量子力学によれば，このような二面性は，電子や陽子など通常は粒子として扱っているものにも現れることがわかっており，これらが運動するときには波としての性質も示すのである。このことを式で表すと，運動量 $p$ をもつ粒子に現れる波の波長 $\lambda$ は

$$\lambda = \frac{h}{p} \tag{5.2}$$

となり，この式を**ド・ブロイの式**（ド・ブロイはフランスの物理学者）という。

なお，光の運動量も，この式から求まる。このような粒子の示す波としての性質は，電子の場合については，電子顕微鏡の原理に応用されている。

光は粒子であるが，質量はゼロとする。運動量 $p$ は (5.2) より
$$p = \frac{h}{\lambda} = \frac{h\nu}{c} = \frac{E}{c}$$
である。$E = cp$ という式もよく使われる。

### 例題 5.2

光子のエネルギー $E = h\nu$ をエレクトロンボルト（[eV]）の単位で換算する式を求めよ。

---

〈解答〉 プランク定数を $h = 6.63 \times 10^{-34}$ [J/s]，$1 \text{[eV]} = 1.6 \times 10^{-19}$ [J] であるから

$$E = h\nu = \frac{6.63 \times 10^{-34}}{1.6 \times 10^{-19}} \nu = 4.14 \times 10^{-15} \nu \text{[eV]} \tag{5.3}$$

となるので，この式に光の振動数 $\nu$ を代入すればよい。

また，光速を $c = 3.0 \times 10^8$ [m/s] とすれば，$E = h\nu = hc/\lambda$ なので，波長 $\lambda$ を [nm] で表すとすれば

$$E = \frac{hc}{\lambda} = \frac{6.63 \times 10^{-34} \times 3 \times 10^8}{1.6 \times 10^{-19} \times 10^{-9} \times \lambda} = \frac{1243}{\lambda} \, [\text{eV}] \quad (5.4)$$

となる。この式に光の波長を [nm] の単位で代入してもよい。

### 練習問題 5.3

練習問題 5.2 のときの赤，緑，青の光子のエネルギーを，例題 5.2 の結果を利用して [eV] の単位で求めよ。

### 例題 5.3

電圧 100 V で電子を加速すると，速度 $v$ は $5.93 \times 10^6$ m/s 程度になる（練習問題 4.2 を参照）。このとき，電子の波長はどの程度になるか。

〈解答〉 運動量は $p = mv$ で与えられるので，電子の質量 $m = 9.1 \times 10^{-31}$ [kg] を入れて $p$ を計算し，続いて $\lambda = h/p$ を使うと，

$$\lambda = \frac{6.63 \times 10^{-34}}{9.1 \times 10^{-31} \times 5.93 \times 10^6} = 1.23 \times 10^{-10} \, [\text{m}] = 0.123 \, [\text{nm}]$$

となる。

## 5.4 量子力学とエネルギー準位

量子力学では，しばしば離散的（飛び飛びで不連続）な**エネルギー準位**という言葉が出てくる。原子では原子核の周りを電子が取り囲んで存在しているが，原子核に近いほど，電子のもつエネルギーは小さく，離れるにつれて大きくなる。一般に電磁気学の領域であるマクロの世界では電子のもつエネルギーは連続的に変化するとしてよいが，量子力学の領域であるミクロの世界では，これが飛び飛びで不連続な値をもって変化するため，このことを，離散的な準位をもつという。すなわち，電子はそれ以外の値のエネルギーでは存在できないのである。このことは，電子は波としての性質ももってお

り，原子核の周りを定常波（2.3節を参照）のような形できれいに取り囲む（波が1周してうまくつながる）ような状態が成り立つときのみ存在できると考えればよい。

図5.3 (a) は原子核の周りに存在する電子の軌道を模式的に表したものである。各軌道の電子のエネルギー準位は，低い方を下にして，$E_0, E_1, E_2, E_3, \cdots, E_n$ の順番に，図5.3 (b) のように線で表すことが一般的である。ここではこのような準位があるとして，光の発生の仕組みについて述べる。なお，エネルギー準位は，原子の種類によってその数や準位間の幅は異なり，電子は低い方から順番にその準位を占めていく。

まず，光を発生させるために原子集団に外部からエネルギーを与える。これは外部から別の光を照射したり，運動している電子を衝突させることなどに相当している。これによって原子はエネルギーを得て，その結果，軌道上の電子は高いエネルギー準位にもち上げられる。これを**励起状態**という（図5.3 (a)）。励起状態の電子は安定ではないため，すぐに下位の準位に落ち込むことになる。光の発

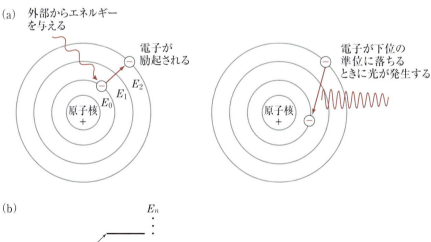

**図5.3** 光の発生と原子のエネルギー準位
(a) 原子核の周りの電子の軌道
(b) 原子のエネルギー準位

生は，このエネルギー準位の差に相当するエネルギーを放出するときに起こり，例えば電子が $E_1$ から $E_0$ の状態へ落ちたときに発生する光の振動数 $\nu_{10}$ は

$$\nu_{10} = \frac{E_1 - E_0}{h} \tag{5.5}$$

のように求められるのである。

　発生した光のエネルギーの一部は，他の原子の中の電子を低い準位から高い準位にもち上げるために吸収される（減少する）こともあるが，全体としては，電子は高い準位から低い準位に落ちることが多いために，そのエネルギー差に相当するエネルギーを外部に光として発することになるのである。

　このように，多数の原子の中で電子の準位間の移動（**遷移**という）が非常に短い時間で起こることで光は発生しているのである。なお，5.2節で述べた光の発生の過程でも，以上のことは，同時に起こっている。

　原子が規則的に配列して結晶としての固体ができるときにも，このような電子の離散的な準位は存在する。図5.4は，ある3本の原子のエネルギー準位（図5.3(b)で示したようなものの中の3本）が，固体として集合していくときに，どのように分裂するかを描いたものである。各準位は集合する原子数と同じ数に分裂するが，それは非常に大きな数（アボガドロ数 $6.0 \times 10^{23}$ 個と同程度）であるので，線で表現することは不可能で，ある幅をもった帯状のものとして描かれ，それは**エネルギーバンド**とよばれる。この中には，

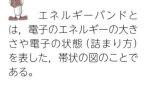
エネルギーバンドとは，電子のエネルギーの大きさや電子の状態（詰まり方）を表した，帯状の図のことである。

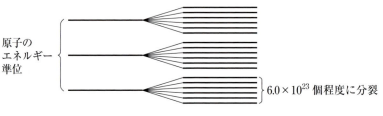

図5.4　原子のエネルギー準位の分裂

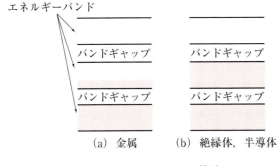

**図 5.5** バンド構造

ほとんど無数のエネルギー準位が存在している。

図 5.5 は，そのような固体の中で分裂したエネルギー準位の中に，電子が存在する状態を描いたものである。エネルギーバンドの領域には，ほとんど連続的に準位が集中しているので，各準位には電子が存在できる。そして，各バンド同士の間には**バンドギャップ**とよばれる領域があるが，そこにはエネルギー準位は存在せず，電子は存在できない。図ではバンドは 3 つしか書いていないが，上下にいくつあってもよい。4.1 節で金属と絶縁体の区別を学んだが，それはバンド構造によっても説明できる。この図では，カラーで示した部分が電子が存在している領域を表すものとする。

金属のような導体では，電子は図 5.5 のようにバンドの中を全部充たさずに，空席がある。そのため，電場により電子を加速すると，バンド内の高いエネルギー準位に移ることができる。要するに，電子が自由に動けるということであり，これが自由電子が存在するという意味である。

一方の絶縁体では，電子がバンド内を完全に充たしているため，電場で加速されて新たなエネルギー準位に移るには，さらに 1 つ上のバンドにいく必要があるが，それには非常に大きなエネルギーが必要となり，不可能なのである。絶縁体では電子が原子核周辺に束縛されて動けないといったのは，このような意味である。

なお，**半導体**とは，絶縁体と同じようにエネルギーバンドが電子

> 電子が高いエネルギー準位に移るということは，加速されて運動エネルギーを増すということである。

で充たされているのであるが，すぐ上のバンドとの距離（バンドギャップの幅）が狭く，熱運動や不純物を混ぜることで1つ上のバンドに一部の電子をもち上げることができるような物質のことである。

## 5.5　原子核と放射線

本節では，原子核の構造や放射線について述べる。原子核は原子の中心部にあり，その大きさは $10^{-14} \sim 10^{-15}$ m で，電子はその周りの半径 $1.0 \times 10^{-10} \sim 3.0 \times 10^{-10}$ m 程度に分布している。原子核は陽子と中性子でできているが，水素の原子核以外は，複数の陽子を含んでいる。そのため，水素以外の原子核では同符号の電荷をもつ陽子が非常に接近して存在し，陽子間の距離は，原子核に最近接（最も近いところ）の電子に比べても，その $1/10^5$ 以下である。

このことをクーロンの法則から考えてみると，原子核と最近接した電子の間にはたらく引力に比べて，原子核内の陽子同士の反発力は $10^{10}$ 倍以上，また電気的なエネルギー（4.3節の(4.10)を参照))は $10^5$ 倍以上ということになる。それでも原子核がバラバラにならずに存在しているということは，それ以上の何か別の強い引力がはたらいているということを意味しており，この引力のことを**核力**という。

核力は重力やクーロン力とは違って，非常に距離が接近したときにだけはたらく力であり，核力を介在する**中間子**（メソン）という粒子も存在する。

中間子は，湯川秀樹によって理論的に予言され，後にこれが観測によって発見されたことで，1949年に日本人として初めてノーベル物理学賞を受賞した。

元素の種類は陽子の数で決まるが，今日，元素は100余りの種類が知られている。同じ元素でも原子核内の中性子数が異なるものもあり，それを**同位体**（**アイソトープ**）とよぶ。同位体を含めると，原子核の種類（これを**核種**という）は，天然と人工のものも含めて2000近くある。

ところで，原子核は強大なクーロン力（反発力）がはたらいている複数の陽子が小さな領域に核力によって結び付けられているもの

であり，エネルギー的には安定なものではない．実際，同位体の中の 1500 程度のものは不安定で，時間とともに，より安定な低いエネルギーをもった別の核種に変化することがあり，これを **原子核崩壊** とよぶ．原子核崩壊が起こると，いろいろな形でエネルギーが外部に放出されるが，これが **放射線** である．放射線には $\alpha$ 線，$\beta$ 線，$\gamma$ 線の 3 種類があり，それに加えて，**X 線** や **中性子線** というものも仲間である．以下では，放射線について簡単にまとめておく．

$\alpha$ 線とは，陽子 2 個と中性子 2 個が合体した粒子（ヘリウムの原子核，記号は $^{4}_{2}\mathrm{He}$）が，崩壊を起こした原子核から放出されたものである．$\alpha$ 線が出るときには，崩壊を起こした原子核は陽子が 2 個減るために，原子番号が 2 つ小さい元素に変わる．天然に起こる一例として，$^{238}_{92}\mathrm{U}$（ウラン 238）が $\alpha$ 線を出して原子番号が 2 つ小さい $^{234}_{90}\mathrm{Th}$（トリウム 234）に変わる場合を式で表すと

$$^{238}_{92}\mathrm{U} \rightarrow \,^{234}_{90}\mathrm{Th} + \alpha \text{ 線 }(^{4}_{2}\mathrm{He}) \tag{5.6}$$

となる．このような式を **核反応式** というが，下付の添字の値は **陽子数（原子番号）** を，上付の添字は陽子と中性子の総数を表す．

次に $\beta$ 線とは，電子が原子核の中から放出されたものである．原子核から負電荷の電子が外に飛び出してくることは非常に起こり難いことではあるが，原子核内の中性子が陽子に変わるときに起こり，したがって，原子番号は 1 つ増えることになる．また厳密には，このとき **中性微子（ニュートリノ）** という粒子も一緒に放出される．

$\beta$ 線が出る一例として，原子炉内でできる人工の放射性元素である $^{137}_{55}\mathrm{Cs}$（セシウム 137）が $^{137}_{56}\mathrm{Ba}$ に変化する場合を式で表すと

$$^{137}_{55}\mathrm{Cs} \rightarrow \,^{137\mathrm{m}}_{56}\mathrm{Ba} + \beta \text{ 線（電子）} \tag{5.7}$$

となる．ただし，$^{137\mathrm{m}}_{56}\mathrm{Ba}$ の上付の添字 m は metastable（準安定）という意味である．

$^{137}_{56}\mathrm{Ba}$ は本来は安定な核種であるが，$\beta$ 線が出た直後は安定にはならない．厳密な表現ではないが，$\beta$ 線が出た直後の原子核の構造には何らかの「ひずみ」のようなものがある．この状態のことを原子核が **励起状態** にあるといい，最終的には，そこからエネルギーを電

ニュートリノは，$\beta$ 崩壊を説明するために当初は質量ゼロの粒子と考えられていたが，1990 年代の梶田隆章らを中心とした実験で質量があることが証明され，その成果に対して，2015 年度のノーベル物理学賞が授与された．

磁波として外部に放出して安定な別の状態に移る．これは先に述べた，原子核の周りの電子の準位間の遷移で光が発生する原理と同じである．ただし，出てくる光の振動数ははるかに高く，この光が$\gamma$線である．すなわち，その過程は

$${}^{137}_{55}\text{Cs} \rightarrow {}^{137m}_{56}\text{Ba} + \beta\,線\,(電子) \rightarrow {}^{137}_{56}\text{Ba} + \gamma\,線\,(光) \tag{5.8}$$

となる．

　これに限らず，$\alpha$線や$\beta$線が出た直後の原子核の状態は不安定であることが多く，それが安定化する過程で$\gamma$線が発生することがほとんどである．2011年の福島県の原子力発電所の事故にともなって各地で観測されている放射線の起源の1つは，(5.8) の$\gamma$線である．

　なお，原子核の崩壊は確率的に起こる現象である．ある1つの原子核を見ていても，それがいつ崩壊するかはわからないが，同じ核種が多く存在すれば，その半数が崩壊する時間はわかる．これを**半減期**という．この半減期は核種によって異なり，短いものは一瞬であり，長いものは，地球ができて以後，現在も減り続けていると思われるものもある．

　最後に，X線と中性子線について述べると，X線というのは$\gamma$線と同じく光であるが，原子核の崩壊によって出てくるものではない．X線は普通の光と同様に，原子核の周りの電子状態に起因して発生する．また中性子線は，普通は原子炉内で核分裂が起こるときに大量に出るが，$\alpha$線や$\gamma$線を特定の原子核に照射して発生させることもできる．

　原子核の構造や放射線について詳しく学ぶには，電子，陽子，中性子といった我々がよく耳にする粒子の知識だけでは難しい．ここまでの話でも，中間子（メソン）や中性微子（ニュートリノ）といった粒子が出てきたが，粒子や力の根源についてさらに深く理解するためには**素粒子物理学**という壮大な学問の体系を学ぶ必要がある．

## 5.6 放射線のエネルギーと核分裂

本節では，放射線などのエネルギーの大きさについて述べる。放射線のエネルギーについて理解するには，相対性理論における質量とエネルギーの等価原理を知らなければ厳密な話はできないが，ここでは電気的なエネルギーで考えてみよう。

5.4, 5.5 節で述べたように，可視光〜紫外線のエネルギーは 2〜10 eV 程度であり，これは原子核の周りの電子が，そのエネルギー準位間を遷移することにより放出するエネルギーに相当している。原子核内のエネルギーは少なくともこれより $10^5$ 倍以上は大きいので，原子核から放出される放射線もそのようなエネルギーをもっていることは想像できる。実際，$\alpha$ 線や $\beta$ 線，そして $\gamma$ 線のエネルギーの大きさは，およそ $10^6$ eV (1 MeV) 以上である。

表 5.1 を振動数と波長を意識しつつ見ることで，普通の電磁波から放射線までのエネルギーとその大きさを理解することができる。

ところで人間の皮膚では，数 eV のエネルギーをもつ紫外線でも影響があることが知られている。放射線のエネルギーはそれよりも $10^6$ 倍以上大きいので，人体に影響が及ぶのは必至である。第 3 章で述べたように，原子や分子 1 個の平均の運動エネルギーは，絶対温度 $T$ [K] とボルツマン定数 $k_B = 8.6 \times 10^{-5}$ [eV/K]* を使い，エネルギー等分配の法則から $3k_B T$ 程度になることが知られている。これより人体を構成する原子や分子の平均の運動エネルギーは，例えば体温が 37 ℃ (310 K) の場合，エレクトロンボルトに換算すると約 0.08 eV になる。これに比べて，上記の $10^6$ eV のエネルギーがいかに大きいかがわかるだろう。そのため，人体の組織を構成する原子や分子は放射線が当たると激しく揺さぶられることになり，その組織が破壊されてしまうのである。

\* ボルツマン定数 $k_B = 1.38 \times 10^{-23}$ [J/K] であるが，これを $1$ [eV] $= 1.6 \times 10^{-19}$ [J] で割算すれば $8.6 \times 10^{-5}$ [eV/K] となる。

次に，放射線を計るいくつかの単位について述べる。まず，どの程度放射線が出ているかを表す単位として**ベクレル** (Bq) がある。これは放射線の種類は問わず，原子核の崩壊が 1 秒間に何回起こるかを表す単位で**崩壊率**ともいう。この量の大小だけではその放射線の種類まではわからないが，放射線を出す能力の違いはわかること

になる．現在では，1kg の物質の中での崩壊率という意味で，[Bq/kg] という単位も，食品などの含有放射能のレベルを表すのによく使われている．

より物理的に明確な量として，放射線から吸収したエネルギーを表す単位がある．特に 1kg の物質が 1J のエネルギーを吸収したとき，これを 1Gy（グレイ）という単位でよび，これを**吸収線量**という．単位は [J/kg] であり，この場合も放射線の種類は問わない．さらに，**吸収線量率**という，1 時間当たりの吸収エネルギーを表す [Gy/h] という単位もある．

また，人体に対する放射線の影響を表す量として使うのがシーベルト（Sv）という単位であり，これを**等価線量**いう．この 1 時間当たりの値を表す**等価線量率**（単位は [Sv/h]）は，空間の放射線量を表すのに最も一般的に使われている．なお，等価線量は，影響を表す基準であり，放射線の種類による人体への影響を経験的に考慮した**荷重係数**というものを，吸収線量に掛けて数値を調整したものである．その荷重係数は，$\beta$ 線，$\gamma$ 線，X 線が 1，$\alpha$ 線が 20，中性子線がそのエネルギーによって 5〜20 となっている．したがって，$\beta$ 線，$\gamma$ 線，X 線では等価線量は吸収線量に等しく，1[Gy] = 1[Sv]，1[Gy/h] = 1[Sv/h] などの関係が成り立つ．（要するに，放射線のエネルギーが同じであれば，$\alpha$ 線や中性子線の方が体に悪いということである．）

最後に，原子核崩壊ということでは基本的に放射線の発生の仕組みと同じであるが，もっと大きなエネルギーが放出される**核分裂**という現象について述べる．

(5.6) の $\alpha$ 線が出る場合も，ウランがトリウムとヘリウムの原子核に分裂しているので核分裂といえないわけではないが，通常，核分裂というのは，ウランのように大きい原子核が，同じような大きさの 2 つ以上の原子核に分裂することをいう．例えば，$^{235}_{92}$U（ウラン 235）に中性子を当てたときの様々な反応の一例を (5.9) に示す．右辺の核種はさらに別の核種への崩壊を起こすこともある．なお，中

性子 (neutron, ニュートロン) は，核反応の式では $^1_0\text{n}$ のように表す。

$$^{235}_{92}\text{U} + ^1_0\text{n} \rightarrow ^{141}_{56}\text{Ba} + ^{92}_{36}\text{Kr} + 3\,^1_0\text{n} \qquad (5.9)$$

ここで重要なことは，まず，最初に当てた中性子よりも多い数の中性子が分裂によって発生することである。これが周辺の $^{235}_{92}\text{U}$ に再び衝突すれば，この反応は急速に (5.9) の右側に進んでいく。このような反応を**連鎖反応**という（図 5.6）。そして，$^{235}_{92}\text{U}$ がある密度以上に集積して連鎖反応が起こる状態になることを**臨界**という。

また，(5.9) のような反応が起こるときには外部に熱エネルギーが放出されるが，これが莫大な量となる。このような連鎖反応を一瞬で進めるのが**原子爆弾**であり，ゆっくりと制御しながら進めるのが**原子炉**である。このようなエネルギーを厳密に計算するには，本節の冒頭に述べたように，**質量とエネルギーの等価原理**という**相対性理論**の知識が必要になるが，それについては次節で述べる。

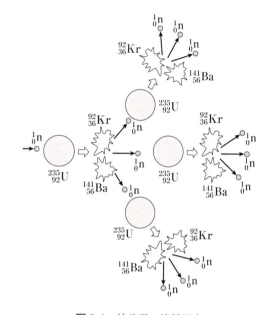

**図 5.6** 核分裂の連鎖反応

---

#### 例題 5.4

人間は全身に 10 Sv の放射線を浴びると数日内に死亡し，100 Sv ではほぼ即死するといわれている。これが 1 kg の水に照射されると，温度をどの程度に上昇させるか。

---

〈解答〉 10 Sv ～ 100 Sv の放射線を浴びるということは，1 kg 当たり 10 ～ 100 J のエネルギーを吸収したということである。1 J という単位を cal（カロリー）という熱の単位に換算すると約 0.24 cal である。1 g の水の温度を 1℃ 上昇させるのが 1 cal であり，この場合は水は 1 kg あるので 0.0024 ～ 0.024℃ しか温度は上昇しない。

これは火傷をするどころか，ほとんど無視できるエネルギーである。それにもかかわらず，放射線が人体（生物）に強い作用を及ぼすのは，放

射線を粒子としてみた場合の1個のエネルギーが圧倒的に大きく，生体機能を内部から破壊するからである．逆に上手に利用すれば，癌治療などに極めて有効になる．通常の癌治療に使われる放射線の量は1回の照射で2Gy程度で，治療期間全体で50〜70Gyだといわれている．皮膚表面も多少はダメージがあるが，大火傷というほどではない．ただ，これは[Sv]という単位でみると非常に大きな量に感じるが，生命に危険がないのは，照射部位や時間などを厳重に制御しているからである．

**練習問題 5.4**

表5.1の紫外線 (3000THz)，X線 (30万THz)，$\gamma$線 (3億THz) のエネルギーを [eV] の単位で求めよ．

## 5.7 相対性理論

相対性理論には，特殊相対性理論と一般相対性理論の2つがあり，重力と加速度運動まで含めて一般化したものが一般相対性理論である．

相対性理論の物理的な背景も含めて，歴史的な順に解説することは本書の範囲を超える．現在では相対性理論は実験によって確立しており，また多くの書で様々な例をもって解説されている．そこで本書では，質量とエネルギーの等価原理と光速度不変の原理について簡単に述べることにする．

1.5節で述べたように，等加速度運動では，質量 $m$ の物体に力 $F$ を加えると，速度 $v = (F/m)t$ で時間 $t$ とともに速度を増していくことになる．そのまま加速を続けると，速度 $v$ は無限に速くなるように思うが，過去数十年以上にわたる電子などを加速する実験結果から，そのようにはならないことがわかっている．なぜなら，物体を加速すると，その質量 $m$ は速度 $v$ の関数として

$$m = \frac{m_0}{\sqrt{1 - \frac{v^2}{c^2}}} \tag{5.10}$$

のように変化するからである．ここで $m_0$ は静止しているときの質量（**静止質量**という）で，$c$ は**光速**である．

(5.10) は，物体の速度が光速 $c$ に近づくにつれて，その質量がどんどん増加して重くなることを意味する．すなわち，$c$ に近くなるほど，物体は加速されにくくなる（重くなる）ということである．そして，光速に近づいた極限では (5.10) は無限大（質量が無限大）になるので，運動は光速 $c$ 以上になることができないのである．これが，相対性理論の1つの結論である．

ところで，(5.10) において $v \ll c$ であるならば

$$m = \frac{m_0}{\sqrt{1 - \frac{v^2}{c^2}}} \fallingdotseq m_0 + \frac{m_0 v^2}{2c^2} \quad (5.11)$$

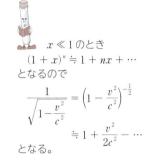

$x \ll 1$ のとき
$(1+x)^n \fallingdotseq 1 + nx + \cdots$
となるので
$$\frac{1}{\sqrt{1-\frac{v^2}{c^2}}} = \left(1 - \frac{v^2}{c^2}\right)^{-\frac{1}{2}}$$
$$\fallingdotseq 1 + \frac{v^2}{2c^2} - \cdots$$
となる．

のような近似が成り立ち，この式の両辺に $c^2$ を掛けると

$$mc^2 \fallingdotseq m_0 c^2 + \frac{m_0 v^2}{2} \quad (5.12)$$

のように書き直せる．右辺第2項は，速度 $v$ で運動する質量 $m_0$ の物体がもつ，力学でよく知られた運動エネルギーである．

この式は一体何を意味するのであろうか．アインシュタインは，物体の速度が光速 $c$ より十分に遅いとき，その物体は通常の運動エネルギー $m_0 v^2/2$ に加えて，近似的に右辺第1項のような $m_0 c^2$ のエネルギーを余分にもつと解釈したのである．そして，物体の速度が $c$ に近づいていくときには，もはや通常の形の運動エネルギー $m_0 v^2/2$ ではエネルギーの増加を表すことはできず，物体のエネルギーは厳密に

$$E = mc^2 \quad (5.13)$$

で表されるとした．上式の $m$ は (5.10) の $m$ であるので，$v$ が光速 $c$ に近づいたときのエネルギーの増加は，$m$ の増加によって表すことが可能になる．いい換えれば，エネルギーと質量は移り変わるのであり，これを **質量とエネルギーの等価原理** という．

これの意味するところは，物体は質量があるだけでエネルギーをもっているということである．したがって，エネルギーの出入りがあるような反応では，質量の増減があることになる．

いま，AとBという物質が発熱反応を起こして

$$A + B \rightarrow C + \Delta Q \uparrow [J] \quad (5.14)$$

のような反応式で表せたとする。このとき，生成物Cの質量は，相対性理論によってAとBの質量の和より軽くなるはずであり，その差は (5.13) より $\Delta Q/c^2$ [kg] である。普通の化学反応では，この差は測定できないほどに小さく無視できるが，前節で述べたような原子核反応の際には重大な結果を生み出す。

例えば，(5.9) のような核分裂反応では，左辺の分裂前の原子核と中性子の質量の和よりも，右辺の生成物の質量の和の方が 0.1 % 程度のオーダーで減少することがある。そのとき，この質量の差が膨大な熱エネルギーに変わることになるのである。

### 例題 5.5

水素と酸素から水ができる場合の反応式は以下のようになる。

$$H_2 + \frac{1}{2}O_2 \rightarrow H_2O + 286\,\text{kJ/mol}\,(\text{燃焼熱})$$

このとき，燃焼熱の 286 kJ は何 kg に相当するか。

〈解答〉 $E = mc^2 = 286 \times 10^3$ [J] として $m$ を求めると

$$m = \frac{286 \times 10^3}{(3 \times 10^8)^2} \fallingdotseq 3.18 \times 10^{-12}\,[\text{kg}]$$

(参考：水素分子 1 [mol] $= 2.0 \times 10^{-3}$ [kg]，酸素分子 0.5 [mol] $= 1.6 \times 10^{-2}$ [kg])

となる。すなわち，現実の化学反応では，質量の変化は無視できるといえる。

### 練習問題 5.5

(5.9) のような場合，右辺の生成物の質量は左辺のウラン 235 や中性子の質量に比べて 0.091 % 程度軽いという。例えば，ウラン 235 が 1 kg 分すべて反応したとすると，どの程度のエネルギーが発生するか。

相対性理論におけるもう1つの重要な事柄に，**光速度不変の原理**というものがある。これは光速は常に一定であり，運動する物体に乗って光速を観測しても変わらないという原理である。本来，物体の速度は観測者の速度の違いによって影響を受けると思いがちであるが，光の場合にはそうはならないのである。

　この光速度不変の原理を出発点にすると，運動する物体の中では時間の進み方が遅いとか，止まっている人から見ると，運動する物体の長さは縮んで見えるなどの事柄が導かれる。これらのことについては多くの書にも書かれているので，ここでは結論だけを述べることにする。

　速度 $v$ で等速運動をしているものの中の時間間隔を $\varDelta t'$ として，止まっている方の時間間隔を $\varDelta t$ とすると，両者の間には

$$\varDelta t' = \varDelta t \sqrt{1 - \frac{v^2}{c^2}} \qquad (5.15)$$

の関係がある。すなわち，止まっている人から見ると，動いている人の時計は進み方が遅くなるのである。また，静止しているときに長さ $L$ の物体が，速度 $v$ で運動しているときには

$$L' = L \sqrt{1 - \frac{v^2}{c^2}} \qquad (5.16)$$

のように縮んで見える。これを**ローレンツ収縮**という。ただし，止まっているか動いているかは相対的な関係であり，もし動いている方から見れば，いままで止まっていた方が動いていることになることに注意されたい。

# 練習問題の解答

### 第 1 章

**1.1** リンゴが落ちるのと同様に，人工衛星にも常に重力がはたらいて落ちている状態にあるが，落ちながら水平に移動しているので，その軌跡はいわゆる放物線になっている（重力下での水平運動については1.6節を参照）。そして，地球は丸いので，その放物線の曲がり具合（これを曲率という）が地球表面の曲率とほぼ一致していると，いつまでも（少しずつは落ちているが）地球に向かって落ちることができず，図のように地球の周りを円運動することになるのである。

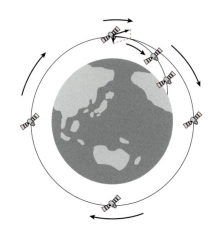

これは，地球の周りを回っている月の運動でも同じことである。重力がはたらいて物体が落下するという原理は全く同じでも，最終的な運動は，物体が存在している環境の幾何学的形状が影響してくるのである。

**1.2** 重力は地球が物体に及ぼす力なので，地球の中心に描くべきである。

**1.3** 左端は足による斜め方向の力のうち，鉛直方向の力が重力より大きくなるように，右端は足による斜め方向の力のうち，鉛直方向の力が重力とほぼ同じになるように描けばよい。

**1.4** (1.6) より $\dfrac{100}{60} \fallingdotseq 1.67\,[\mathrm{m/s}]$ となる。

**1.5** 1時間は 3600 秒より，$\dfrac{1200 \times 10^3}{60 \times 60} \fallingdotseq 333\,[\mathrm{m/s}]$ となる。

**1.6** (1.9) より，$\dfrac{20}{5} = 4\,[\mathrm{m/s^2}]$ となる。

**1.7** (1.30) の
$$y = -\frac{1}{2}gt^2 + v_{0y}t = -\frac{1}{2}g\Bigl(t - \frac{v_{0y}}{g}\Bigr)^2 + \frac{v_{0y}^2}{2g} = -\frac{1}{2}gt\Bigl(t - 2\frac{v_{0y}}{g}\Bigr)$$
を使う。

5 秒後に落ちてきたということは，$t=5$ で $y=0$ となることである。すなわち，$v_{0y}=5g/2$ である。投げ上げたときの初速とは，$v_{0y}$ 自身のことである。最高到達点とは $v_{0y}^2/2g$ のことであるが，初速 $v_{0y}=5g/2$ を使って $25g/8$ となる。$g = 9.8\,[\mathrm{m/s^2}]$ として，初速は $v_{0y}=24.5\,[\mathrm{m/s}]$，最高到達点は $30.625\,\mathrm{m}$ となる。

**1.8** 自由落下で落ちる距離を求めるには，(1.26) で $v_{0y}=0$ とした $y = -\dfrac{1}{2}gt^2\,[\mathrm{m}]$ を使って
$$y = -\frac{1}{2} \times 9.8 \times (1.5)^2 = -4.9 \times 2.25 = -11.025\,[\mathrm{m}]$$
となり，約 $11\,\mathrm{m}$ であることがわかる。

**1.9** 高さ $h$ のところにある物体がもつ位置エネルギー $mgh$ が，すべて運動エネルギー $mv^2/2$ に変わると考えればよい。すなわち，$mgh = mv^2/2$ より $v = \sqrt{2gh}$ となり，この式に $g = 9.8\,[\mathrm{m/s^2}]$，$h = 10\,[\mathrm{m}]$ を代入すると
$$v = \sqrt{2 \times 9.8 \times 10} = \sqrt{196} = 14\,[\mathrm{m/s}]$$
となる。

ちなみに，運動の法則を使って考えると，$h$ の高さを落ちるのに要する時間は $h = gt^2/2$ より $t = \sqrt{2h/g}$ となり，これを速度 $v = gt$ に代入すると $v = gt = g\sqrt{2h/g} = \sqrt{2gh}$ となるため，全く等価な計算になることがわかる。

**1.10** 運動エネルギー $mv_0^2/2$ が，すべて位置エネルギー $mgh$ に変わると考えればよい。すなわち，$mv_0^2/2 = mgh$ より $h = v_0^2/2g$ となり，この式に $g = 9.8\,[\mathrm{m/s^2}]$，$v_0 = 28\,[\mathrm{m/s}]$ を代入すると

$$h = \frac{28^2}{2 \times 9.8} = 40\,[\mathrm{m}]$$

となる。

　ちなみに、運動の法則を使って考えると、最高到達点では速度 $v = v_0 - gt$ はゼロより、そこに到達する時間は $t = v_0/g$ となる。また、その間の移動距離 $h$ は $h = v_0 t - gt^2/2$ より、これに $t = v_0/g$ を代入すれば $h = v_0^2/g - v_0^2/2g = v_0^2/2g$ となって、やはり全く等価な計算になることがわかる。

**1.11** $g = 9.8\,[\mathrm{m/s^2}]$, $R = 6378\,[\mathrm{km}]$ を代入して、

$$v = \sqrt{2 \times 9.8 \times 6.378 \times 10^6} \cong 11.2\,[\mathrm{km/s}]$$

となる。これが、地球からの脱出速度（第2宇宙速度）である。

## 第 2 章

**2.1** （1） $45° = 2\pi \times 45/360 = \pi/4\,[\mathrm{rad}]$　（2） $150° = 2\pi \times 150/360 = 5\pi/6\,[\mathrm{rad}]$　（3） $4\pi/5\,[\mathrm{rad}] = 4\pi/5 \times 360/2\pi = 144°$　（4） $\pi/18\,[\mathrm{rad}] = \pi/18 \times 360/2\pi = 10°$

**2.2** (2.2) より $\omega = v/r$ であるので、半径 $r = 0.5\,[\mathrm{m}]$、速度 $v = 8\,[\mathrm{m/s}]$ を代入して、$\omega = 8/0.5 = 16\,[\mathrm{rad/s}]$、振動数 $f$ は $f = \omega/2\pi = 16/2\pi \cong 8/3.14 \cong 2.55\,[\mathrm{Hz}]$、周期 $T$ は $T = 1/f \cong 1/2.55 \cong 0.392\,[\mathrm{s}]$ となる。

**2.3** $g = 9.8\,[\mathrm{m/s^2}]$、半径 $R = 6378\,[\mathrm{km}]$ として、

$$v = \sqrt{gR} = \sqrt{9.8 \times 6.378 \times 10^6} = 7.9\,[\mathrm{km/s}]$$

となる。

**2.4** バネ定数 $k$ を求めるには、(2.8) の $F = -ky$ において、$k \times (0.5 - 0.4) = 0.05 \times 9.8\,[\mathrm{N}]$ とすればよい。すなわち、

$$k = 0.05 \times 9.8/0.1 = 4.9\,[\mathrm{N/m}]$$

となる。

**2.5** 周期 $T$ は、(2.10) に $k$ と $m = 0.05\,[\mathrm{kg}]$ を代入して、

$$T = 2\pi\sqrt{\frac{0.05}{4.9}} \cong 6.28 \times 0.1010 \cong 0.634\,[\text{s}]$$

となる。

**2.6** (2.12) を 1s, $g = 9.8\,[\text{m/s}^2]$ として, $l$ について解けばよい。すなわち, $1 = 2\pi\sqrt{l/9.8}$ であるので, $l = 9.8/(6.28)^2 \cong 0.248\,[\text{m}]$ となる。

**2.7** (2.13) の $v = \lambda/T$ より,

$$v = \frac{0.75}{5 \times 10^{-4}} = 1500\,[\text{m/s}]$$

振動数 $f$ は

$$f = \frac{1}{T} = \frac{1}{5 \times 10^{-4}} = 2 \times 10^3\,[\text{Hz}]$$

である。この波は,おおよそ水中を伝わる音速に相当している。

**2.8** $v\,[\text{m/s}] = 331.45 + 0.61T\,(T\,[℃])$ に $T = 0\,[℃]$, $20\,[℃]$ を代入して, $331.45\,\text{m/s}$ と $343.65\,\text{m/s}$ を得る。

**2.9** 音速は 340 m であるので,振動数で割り算すればよい。すなわち,

$$\frac{340}{20} = 17\,[\text{m}], \quad \frac{340}{2} \times 10^{-3} = 1.7 \times 10^{-1}\,[\text{m}] = 17\,[\text{cm}]$$

となる。

**2.10** 三角関数の和の公式

$$\sin A + \sin B = 2\sin\frac{A+B}{2}\cos\frac{A-B}{2}$$

を利用する。

いま, $A = x$, $B = 2x$ とすれば ($A$ の波長が $B$ の 2 倍)

$$\sin x + \sin 2x = 2\sin\frac{3x}{2}\cos\frac{x}{2}$$

であるので,この式の右辺は, $\sin(3x/2) = 0$ のとき,すなわち $3x/2 = 0, \pi, 2\pi, 3\pi, 4\pi, \cdots$ でゼロを切る。また, $\cos(x/2) = 0$ のとき,すなわち $x/2 = \pi/2, 3\pi/2, 5\pi/2, \cdots$ でゼロを切る。以上を考慮して, $x = 0, \frac{2}{3}\pi, \pi, \frac{4}{3}\pi, \cdots$ でゼロを切るようなグラフを描けばよい(概略図を参照)。

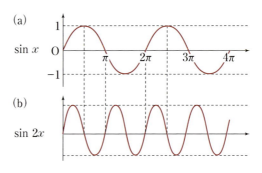

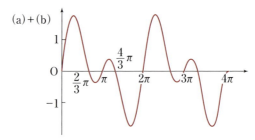

## 第 3 章

**3.1** 熱気球内の空気の密度は例題 3.2 より

$$1.29 \times 0.729 = 0.94\,[\mathrm{kg/m^3}]$$

となる。熱気球の体積が $x\,[\mathrm{m^3}]$ であるとして，例題 3.1 と同じように考えればよい。

$$1.29 \times 9.8\,x - 0.94 \times 9.8\,x = 0.35 \times 9.8\,x > 5 \times 9.8$$

したがって，

$$x > \frac{5}{0.35} \fallingdotseq 14.3\,[\mathrm{m^3}]$$

となる。ただし，気球の材料の重さは無視している。

**3.2** 熱量を体重で割ると，

$$\frac{2000\,[\mathrm{kcal}]}{50\,[\mathrm{kg}]} = 40\,[\mathrm{K}]$$

となる。1 cal は水 1 g の温度を 1 K 上昇させるのに必要な熱量だから，40 K 上昇させることがわかる。にもかかわらず，体温がそれほど上昇しないのは，体内や人間の活動でそのエネルギーが消費されるからである。

**3.3** 例題 3.4 の酸素分子（分子量 $m=32$）の速度は
$$v = \sqrt{\frac{3RT}{mN_A}} = \sqrt{\frac{3 \times 8.31 \times 273.15}{32 \times 10^{-3}}} \cong 461 \, [\text{m/s}]$$
であった。いま水素の分子量 $m$ は 2，したがって，$mN_A = 2 \times 10^{-3}$ であるので，
$$v = \sqrt{\frac{3 \times 8.31 \times 273.15}{2 \times 10^{-3}}} \fallingdotseq 461 \times \left(\frac{32}{2}\right)^{1/2} = 1844 \, [\text{m/s}]$$
となる。

同様に，二酸化炭素の分子量は 44 であるので
$$v = \sqrt{\frac{3 \times 8.31 \times 273.15}{44 \times 10^{-3}}} \fallingdotseq 461 \times \left(\frac{32}{44}\right)^{1/2} \fallingdotseq 393 \, [\text{m/s}]$$
となる。

**3.4** 最終的に $x\,[℃]$ $(30 < x < 80)$ になるとする。80℃の鉄球から逃げる熱量は $0.437 \times 1000 \times (80-x)$ であり，30℃の水に流入する熱量は $4.19 \times 500 \times (x-30)$ である。

したがって，
$$0.437 \times 1000 \times (80-x) = 4.19 \times 500 \times (x-30)$$
を解いて，水と鉄球の温度は 38.6℃になる。

**3.5** 水 1 kg が 50 m 落下したときの位置エネルギーの減少分が，水温を $x\,[℃]$ だけ上げると考えると，$mgh = mCT$ より
$$1\,[\text{kg}] \times 9.8\,[\text{N}] \times 50\,[\text{m}] = x \times 4.19 \times 10^3\,[\text{J}]$$
となる。したがって，滝の上の水温に比べて滝壺の水温は $x \fallingdotseq 0.116\,[℃]$ だけ上昇することになる。

**3.6** 弾丸の運動エネルギーは $mv^2/2$ であるので，$10 \times 10^{-3}\,[\text{kg}] \times (200\,[\text{m/s}])^2/2\,[\text{J}]$，水 500 g を $x℃$ だけ上昇させるエネルギーは $x \times 4.19 \times 500\,[\text{J}]$ である。この両者が等しくなるので，$x \fallingdotseq 0.095\,[℃]$ となって，水の温度は 0.095℃上昇することになる。

**3.7** もし可逆とすれば，摩擦熱の溜まった物体から熱を取り出して，それをすべて物体を動かす仕事に変えられることになるが，それはトムソンの原理に反することになる。したがって，不可逆である。

**3.8** 熱効率は (3.18) より $\eta = 1 - T_L/T_H < 1$ である。$T_L$ と $T_H$ に

は絶対温度を使うことに注意する。$T_L = 273.15 + 40 = 313.15$, $T_H = 273.15 + 280 = 553.15$ であるので，

$$\eta = 1 - \frac{313.15}{553.15} \fallingdotseq 0.434$$

となる。

## 第 4 章

**4.1** (4.3) より

$$F = \frac{9.0 \times 10^9 \times 1.0 \times 10^{-10} \times (-1.0 \times 10^{-12})}{(30 \times 10^{-2})^2} = \frac{-9.0 \times 10^{9-10-12}}{900 \times 10^{-4}}$$
$$= -1.0 \times 10^{-11} [\text{N}] \quad (\text{引力})$$

となる。

**4.2** 電圧 $V$ で電子を加速すれば電子は $e \times V [\text{V}]$ のエネルギーを得るが，これが運動エネルギー $mv^2/2$ になると考えればよいので，$v = \sqrt{2eV/m}$ である。電子の質量を $m = 9.1 \times 10^{-31} [\text{kg}]$ とすれば

$$v = \sqrt{\frac{2eV}{m}} = \sqrt{\frac{2 \times 1.6 \times 10^{-19} \times 100}{9.1 \times 10^{-31}}} \approx 5.93 \times 10^6 [\text{m/s}]$$

となる。

**4.3** 図 4.8 の場合，例題 4.2 の解答で述べたように，誘電体を挟むことで電位差が 1/4 になっているわけであるから，電位差を元に戻すために，電極上には総計で初めの 4 倍の 16 個になるように電池から電荷が流れ込み，それに応じて，分極電荷も増える。したがって，極板上には 16 個の電荷が存在して，分極電荷も 12 個となる。すなわち，比誘電率の値に比例して，極板上に溜まる電荷は増える。

**4.4** $I = V/R$ より，

$$I = \frac{100}{50} = 2 [\text{A}]$$

となる。

**4.5** $R = V/I$ より，

$$R = \frac{100}{5} = 20\,[\Omega]$$

となる。

**4.6** $P = RI^2$ より，
$$P = 50 \times 10^2 = 5000\,[\mathrm{W}]$$

となる。

**4.7** $P = V^2/R$ より，
$$P = \frac{100^2}{50} = 200\,[\mathrm{W}]$$

となる。

**4.8**

**4.9** (4.20) の磁束密度に，$I = 5\,[\mathrm{A}]$，$r = 2.0 \times 10^{-2}\,[\mathrm{m}]$ を代入すると，

$$B = \frac{\mu_0 I}{2\pi r} = \frac{4\pi \times 10^{-7} \times 5}{2\pi \times 2.0 \times 10^{-2}} = 5 \times 10^{-5}\,[\mathrm{T}] = 0.5\,[\mathrm{G}]$$

となる。これは日本における地磁気の強さと同程度である。

**4.10**

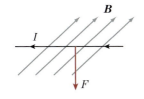 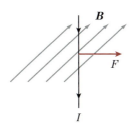

**4.11**

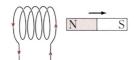 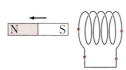

## 第 5 章

**5.1** 2.3 節の (2.13) より,

$$\lambda = \frac{c}{\nu} = \frac{3.0 \times 10^8}{200 \times 10^6} = 1.5\,[\mathrm{m}]$$

となる。

**5.2** 前問同様に,

赤: $\nu = \dfrac{c}{\lambda} = \dfrac{3 \times 10^8}{650 \times 10^{-9}} = \dfrac{3 \times 10^8}{0.65 \times 10^{-6}} = 4.62 \times 10^{14}\,[\mathrm{Hz}]$

緑: $\nu = \dfrac{c}{\lambda} = \dfrac{3 \times 10^8}{530 \times 10^{-9}} = \dfrac{3 \times 10^8}{0.53 \times 10^{-6}} = 5.66 \times 10^{14}\,[\mathrm{Hz}]$

青: $\nu = \dfrac{c}{\lambda} = \dfrac{3 \times 10^8}{450 \times 10^{-9}} = \dfrac{3 \times 10^8}{0.45 \times 10^{-6}} = 6.67 \times 10^{14}\,[\mathrm{Hz}]$

となる.

**5.3** (5.3) でも (5.4) でもよいが,例えば (5.4) を使うと,赤,緑,青に対して,それぞれ 650 nm,530 nm,450 nm を代入すればよい。

赤 は $1243/650 = 1.91\,[\mathrm{eV}]$,緑 は $1243/530 = 2.35\,[\mathrm{eV}]$,青 は $1243/450 = 2.76\,[\mathrm{eV}]$ となる。なお,練習問題 5.2 の解答で得た振動数を (5.3) に代入しても同じ答えを得る。

**5.4** 例えば (5.3) の $E = 4.14 \times 10^{-15} \nu\,[\mathrm{eV}]$ に,それぞれの振動数 $3000\,[\mathrm{THz}] = 3.0 \times 10^{15}\,[\mathrm{Hz}]$,$30\,万\,[\mathrm{THz}] = 3.0 \times 10^{17}\,[\mathrm{Hz}]$,$3\,億\,[\mathrm{THz}] = 3.0 \times 10^{20}\,[\mathrm{Hz}]$ を代入すればよい。

紫外線では $4.14 \times 10^{-15} \times 3.0 \times 10^{15} = 12.4\,[\mathrm{eV}]$,X 線では $4.14 \times 10^{-15} \times 3.0 \times 10^{17} = 1.24 \times 10^3\,[\mathrm{eV}] = 1.24\,[\mathrm{keV}]$,$\gamma$ 線では $4.14 \times 10^{-15} \times 3.0 \times 10^{20} = 1.24 \times 10^6\,[\mathrm{eV}] = 1.24\,[\mathrm{MeV}]$ となる。

**5.5** $\Delta m = 1.0 \times (0.091\,\% \times 10^{-2})\,[\mathrm{kg}]$ 分の質量がエネルギーに変わると考えればよいので,

$$E = \Delta m\,c^2 = 1.0 \times (0.091 \times 10^{-2}) \times (3.0 \times 10^8)^2\,[\mathrm{J}]$$
$$\fallingdotseq 8.19 \times 10^{13}\,[\mathrm{J}] = 1.95 \times 10^{13}\,[\mathrm{cal}]$$

となる。広島に投下された原子爆弾では約 1 kg の $^{235}\mathrm{U}$ が反応したという。実際の爆発エネルギーは上記の計算の 7 割程度 ($5.5 \times 10^{13}\,\mathrm{J}$) であったという。

# 索　引

## ア

$\alpha$ 線　119
圧縮性流体　58
　　非——　58
圧力　56
アボガドロ定数　61
アボガドロの法則　61
アルキメデスの原理　58
アンペールの法則　99

## イ

位相　55
　　初期——　55
位置エネルギー　36
1オクターブ　52
1気圧　57
1サイクル　75
引力　82

## ウ

宇宙物理学　108
運動エネルギー　35
運動量　20

## エ

N極　79
S極　79
S波　53
X線　119
液化熱　64
液相　62
液体　62
エネルギー　35
　　——準位　114
　　——バンド　116
　　位置——　36

　　運動——　35
　　質量と——の等価原理
　　　　123, 125
　　自由——　76
エレクトロンボルト　88
円運動　39
遠隔力　4, 83
エントロピー　78
　　——増大の法則　78

## オ

オストワルドの原理　75
オームの法則　93
音波　52

## カ

$\gamma$ 線　119
回転　10
　　——数（振動数）　41
回路　96
可逆　75
核種　118
角速度　41
核反応式　119
核分裂　122
核力　118
可視光　109
荷重係数　122
加速度　19
　　重力——　28
　　等——運動　24
カルノーの原理　76
干渉　54
慣性の法則　21

## キ

幾何光学　108

気化熱　63
気相　62
気体　62
　　——定数　61
　　——分子運動論　64
起電力　87
吸収線量　122
　　——率　122
凝固熱　64
極板　89

## ク

クラウジウスの原理
　（熱力学第2法則）　73
クーロン　82
　　——の法則　82

## ケ

結晶　80
原子　80
　　——爆弾　123
　　——番号（陽子数）
　　　　80, 119
原子核　80
　　——崩壊　119
原子炉　123
現代物理学　108

## コ

向心力（求心力）　43
光速　107, 124
光速度不変の原理　127
光電効果　112
交流電流　103
交流発電機　103
光量子（光子）　113
抗力　3, 5

合力　15
固相　62
固体　62
古典物理学　108
弧度法　39
コヒーレントな光　111
コンデンサー（蓄電器）
　　89，91

**サ**

座標　17
作用　3
　　――・反作用　7
作用点　2

**シ**

磁気　79
仕事　34
　　――関数　112
地震波　53
自然落下　27
磁束（磁束線）　98
　　――密度　99
質点　3
質量　18
　　静止――　124
質量とエネルギーの等価
　　原理　123，125
磁場　97
シャルルの法則　60
自由エネルギー　76
周期　42
　　――運動　42
重心　2
自由電子　81
自由落下　27
重力　3，4
　　――加速度　28
ジュール　34
　　――熱　94
状態方程式　61

初期位相　55
磁力線（磁気力線）　97
真空の透磁率　99
真空の誘電率　85
振動数（周波数）　41，50
振幅　50

**ス**

水圧　57
　　静――　57
スカラー　10
スピン　82
滑り摩擦力　9

**セ**

静止質量　124
静止摩擦係数　9
静止摩擦力　9
静水圧　57
静電誘導　89
斥力（反発力）　82
絶縁体　81
絶対温度　61
ゼロベクトル　13
遷移　116

**ソ**

相　62
　　液――　62
　　気――　62
　　固――　62
相対性理論　108，123
相転移　62
速度　16，50
　　角――　41
　　脱出――　38
素電荷　83
疎密波　52
素粒子・原子核物理学
　　108
素粒子物理学　120

ソレノイド　98

**タ**

大気圧　57
帯電　82
第1法則（慣性の法則）
　　21
第2法則（運動方程式）
　　21
第3法則（作用・反作用
　　の法則）　21
第2宇宙速度　38
第2種永久機関　74
脱出速度　38
縦波　51
単色光　111
単振動　45
弾性波　53
断熱圧縮　72
断熱過程　72
断熱膨張　72
単振り子　48

**チ**

力　1
　　――の合成　3
　　――の分解　14
　　――のモーメント
　　　　16
蓄電器（コンデンサー）
　　89，91
中間子　118
中性子　80
　　――線　119
中性微子（ニュートリノ）
　　119
超音波　52
直接力　4
直列接続　96

## テ

抵抗率　95
定常波　51
定積分　26
電圧　86
電位　87
　──差　87
電荷　82
　──担体　93
　素──　83
　分極──　90
電気　79
　──抵抗　93
　──力線　83
　摩擦──　82
電子　80
　自由──　81
電磁気学　79, 82, 108
電磁石　98
電磁波　107, 109
点電荷　82
電場　83, 85
電波　109
電流　86
　交流──　103
　変位──　106

## ト

同位体（アイソトープ）　118
等価線量　122
　──率　122
等加速度運動　24
統計力学　108
等速円運動　41
　──の運動方程式　43
等速直線運動　23
導体　81
動摩擦力　9

ド・ブロイの式　113
トムソンの原理（熱力学第2法則）　74

## ナ

内部エネルギー　69
波　49
　縦──　51
　横──　51, 106

## ニ

ニュートリノ（中性微子）　119
ニュートンの運動方程式　21

## ネ

熱機関　75
熱効率　76
熱伝導　71
熱容量　66
熱力学　69, 108
　──第1法則　71
　──第2法則（クラウジウスの原理）　73
　──第2法則（トムソンの原理）　74
熱量　63

## ハ

波長　50
波動　49
波動性　113
バネ定数　46
バネの振動の運動方程式　46
速さ　16
半減期　120
反作用　3
　作用・──　7
半導体　117

バンドギャップ　117
万有引力の法則　3

## ヒ

P波　53
非圧縮性流体　58
光　109
比透磁率　99
比熱　66
微分　22
比誘電率　85

## フ

ファラデーの電磁誘導の法則　102
フォトン　113
不可逆　75
フーコーの振り子　49
節　51
物性物理学　108
プランク定数　112
浮力　58
フレミングの左手の法則　100
不連続　112
分極電荷　90

## ヘ

$\beta$線　119
並列接続　96
ベクトル　10
　ゼロ──　13
ベクレル　121
変位電流　106

## ホ

ボイル-シャルルの法則　61
ボイルの法則　59
崩壊率　121
放射線　109, 119

## ヘ

ポテンシャルエネルギー　36
ボルツマン定数　66

## マ

摩擦電気　82
摩擦力　3, 8, 9
　　滑り——　9
　　静止——　9
　　動——　9
マッハ1　52

## ミ

右ネジの法則　98

## ム

無線通信　107

## モ

モル　61

## ユ

融解熱　64
誘電体　90
誘電分極　90
誘電率　85
　　真空の——　85
　　比——　85

## ヨ

陽子　80
　　——数（原子番号）
　　　119
容量　91
　　熱——　66
揚力　6
横波　51, 106

## ラ

ラジアン　39

## リ

力学　1, 108
力学的エネルギー保存則
　36
力積　20
離散的　112
粒子性　113
量子力学　108, 112
臨界　123

## レ

励起状態　115, 119
レーザー　111
連鎖反応　123

## ロ

ローレンツ収縮　127

## 著者略歴

高重 正明 (たかしげ まさあき)

1949 年　香川県生まれ
1972 年　東京工業大学理学部物理学科卒業
1977 年　同博士課程修了　理学博士
1978 年　東京大学物性研究所助手
1986～1987 年　IBM チューリッヒ研究所客員研究員
1987 年　いわき明星大学助教授
1991 年　いわき明星大学教授
2003 年　いわき明星大学学長
2011 年　明星大学教授
2020 年　明星大学名誉教授
専　攻　物性物理学実験
主な著書：「スタンダード 電磁気学」
　　　　　「物性科学入門シリーズ 物質構造と誘電体入門」
　　　　　（以上，裳華房）

---

ファースト・ステップ　物理学入門

2015 年 11 月 15 日　第 1 版 1 刷発行
2019 年 3 月 10 日　第 3 版 1 刷発行
2022 年 3 月 15 日　第 3 版 3 刷発行

検印省略

定価はカバーに表示してあります．

著作者　高重 正明
発行者　吉野 和浩
　　　　東京都千代田区四番町 8-1
　　　　電　話　03-3262-9166(代)
　　　　郵便番号　102-0081
発行所　株式会社　裳華房
印刷所　三報社印刷株式会社
製本所　株式会社　松岳社

一般社団法人 自然科学書協会会員

JCOPY〈出版者著作権管理機構 委託出版物〉
本書の無断複製は著作権法上での例外を除き禁じられています．複製される場合は，そのつど事前に，出版者著作権管理機構（電話 03-5244-5088，FAX 03-5244-5089，e-mail: info@jcopy.or.jp）の許諾を得てください．

ISBN 978-4-7853-2248-9

© 高重正明，2015　　Printed in Japan

# ★基礎物理学の新しいスタンダード！★
# 基礎からの物理学

東京理科大学　山本貴博 著
Ｂ５判／272頁／２色刷／定価 2640円（税込）

古典物理学の３本柱である力学・熱力学・電磁気学に焦点をあて，その論理体系をスモールステップで平易に解説した入門書．

物理学の初学者はもちろん，高等学校で物理を履修した方，あるいは既に大学で物理学を学んだ方にとっても，物理学を基礎から出発（再出発）して，大学標準レベルの物理学を習得でき，しっかりとした「物理的思考」を身に付けることができる．

なお，演習問題の略解の補足説明と各章の補充問題を裳華房Webサイト上に用意した．

## 【本書の特徴】
◎　必要となる数学については，物理学を学びながら習得できるように配慮し，微分積分を避けずに用いて解説した．
◎　中学校や高等学校の教科書に登場するような基本的な用語であっても定義と意味を詳しく解説した．
◎　読者が親しみをもって学んでもらえるように，物理学の発展に貢献した先人らの似顔絵を随所に掲載した．

## 【主要目次】
### 第Ⅰ部　力学
力学が対象とするもの／位置ベクトルと座標／質点の運動学／質点の力学 〜ニュートンの運動の法則〜／自然界の様々な力／巨視的物体にはたらく力／様々な力のもとでの質点の運動／力学的エネルギーとその保存則／角運動量とその保存則／非慣性系での物体の運動／質点系の力学／剛体の力学

### 第Ⅱ部　熱力学
熱力学が対象とするもの／熱平衡状態と温度／気体の分子運動論／熱力学第１法則／熱力学第２法則

### 第Ⅲ部　電磁気学
電磁気学が対象とするもの／静電場／静磁場／電磁誘導／マクスウェルの変位電流の法則／マクスウェル方程式と電磁波

## 【内容見本】（実際は２色刷です）

裳華房ホームページ　https://www.shokabo.co.jp/

## 物 理 定 数

| 量 | 値 |
|---|---|
| 重力加速度 | $g = 9.80665$ m/s² |
| 万有引力定数 | $G = 6.67408 \times 10^{-11}$ N m²/kg² |
| 太陽の質量 | $S = 1.9891 \times 10^{30}$ kg |
| 電子の静止質量 | $m_e = 9.10938356 \times 10^{-31}$ kg |
| 陽子の静止質量 | $m_p = 1.672621898 \times 10^{-27}$ kg |
| 中性子の静止質量 | $m_n = 1.67492894 \times 10^{-27}$ kg |
| 原子質量単位 | $1u = 1.66054018 \times 10^{-27}$ kg |
|  | $= 931.494322$ MeV |
| エネルギー | $1eV = 1.60217733 \times 10^{-19}$ J |
| 1気圧 | $1atm = 1.01325 \times 10^{5}$ N/m² |
| 気体1molの体積（0℃, 1気圧） | $V_0 = 2.241410 \times 10^{-2}$ m³/mol |
| 1molの気体定数 | $R = 8.314510$ J/K mol |
| アボガドロ定数 | $N_A = 6.022140857 \times 10^{23}$ /mol |
| 熱の仕事当量 | $J = 4.1855$ J/cal |
| ボルツマン定数 | $k_B = 1.38064852 \times 10^{-23}$ J/K |
| 真空中の光速 | $c = 2.99792458 \times 10^{8}$ m/s |
| 真空の誘電率 | $\varepsilon_0 = 10^7/4\pi c^2 = 8.85418782 \times 10^{-12}$ F/m |
| 真空の透磁率 | $\mu_0 = 4\pi/10^7 = 1.25663706 \times 10^{-6}$ H/m |
| 素電荷 | $e = 1.60217733 \times 10^{-19}$ C |
| 電子の比電荷 | $e/m_e = 1.758820024 \times 10^{11}$ C/kg |
| ボーア半径 | $a_0 = 4\pi\varepsilon_0 \hbar^2/m_e e^2 = 5.29177249 \times 10^{-11}$ m |
| ボーア磁子 | $\mu_B = e\hbar/2m_e = 9.2740154 \times 10^{-24}$ J/T |
| プランク定数 | $h = 6.6260756 \times 10^{-34}$ J s |
|  | $\hbar = h/2\pi = 1.05457266 \times 10^{-34}$ J s |

## 単位の接頭語

| 名称 | 記号 | 大きさ | 名称 | 記号 | 大きさ |
|---|---|---|---|---|---|
| デカ | da deca | $10$ | デシ | d deci | $10^{-1}$ |
| ヘクト | h hecto | $10^2$ | センチ | c centi | $10^{-2}$ |
| キロ | k kilo | $10^3$ | ミリ | m milli | $10^{-3}$ |
| メガ | M mega | $10^6$ | マイクロ | $\mu$ micro | $10^{-6}$ |
| ギガ | G giga | $10^9$ | ナノ | n nano | $10^{-9}$ |
| テラ | T tera | $10^{12}$ | ピコ | p pico | $10^{-12}$ |
| ペタ | P peta | $10^{15}$ | フェムト | f femto | $10^{-15}$ |
| エクサ | E exa | $10^{18}$ | アト | a atto | $10^{-18}$ |
| ゼタ | Z zetta | $10^{21}$ | ゼプト | z zepto | $10^{-21}$ |
| ヨタ | Y yotta | $10^{24}$ | ヨクト | y yocto | $10^{-24}$ |